林业规划与资源管理

孟文平　胡继平　贾　刚　主编

吉林科学技术出版社

图书在版编目（CIP）数据

林业规划与资源管理 / 孟文平，胡继平，贾刚主编
. —— 长春：吉林科学技术出版社，2020.11
ISBN 978-7-5578-7896-2

Ⅰ．①林… Ⅱ．①孟… ②胡… ③贾… Ⅲ．①林业资
源—资源管理 Ⅳ．① S78

中国版本图书馆 CIP 数据核字（2020）第 221380 号

林业规划与资源管理

主　　编　孟文平　胡继平　贾　刚
出 版 人　宛　霞
责任编辑　汪雪君
封面设计　薛一婷
制　　版　长春美印图文设计有限公司
开　　本　16
字　　数　240 千字
印　　张　11
版　　次　2020 年 11 月第 1 版
印　　次　2020 年 11 月第 1 次印刷
出　　版　吉林科学技术出版社
发　　行　吉林科学技术出版社
地　　址　长春净月高新区福祉大路 5788 号出版大厦 A 座
邮　　编　130118
发行部电话 / 传真　0431—81629529　　　　81629530　　　　81629531
　　　　　　　　　　81629532　　　　81629533　　　　81629534
储运部电话　0431—86059116
编辑部电话　0431—81629520
印　　刷　北京宝莲鸿图科技有限公司
书　　号　ISBN 978-7-5578-7896-2
定　　价　45.00 元

前　言

在我国的自然资源中，林业资源是非常重要的资源之一，林业资源不仅促进了经济发展、社会稳定，还能维护生态平衡。改革开放以来，我国步入了经济与社会迅猛发展的阶段，对森林资源的需求也在持续增加，因此需要加强林业规划管理工作的质量，以推动林业规划管理的持续发展，为我国的自然资源发展创造良好条件。

同时，随着我国事业单位改革的不断深化，公益型林业事业单位作为其中的重要组成部分也正面临着巨大挑战，林业事业单位想要快速稳定发展，一定要重视人力资源的重要作用。自党的十六大提出生态文明建设以来，资源及环境保护越来越受到重视，党的十八大更明确地把生态文明建设摆在总体布局的高度。林业作为生态系统中重要的成员，更是发挥着不可替代的作用，生态文明的建设离不开林业事业的发展，而林业事业的长足发展和进步，归根到底就是林业人才的有效利用。因此，加大对林业调查规划设计人力资源的开发与管理十分必要。

本书立足于林业在我国生态文明建设中的重要地位，对我国林业资源管理与设计的相关内容进行了探讨，内容包括林业发展、林业技术、林业规划、林业规划设计与调查方法分析研究、林业设计效果分析、林业资源、林业管理、林业资源管理以及林业规划与资源管理等，旨在为我国林业管理体系的完善提供指导，促进我国生态文明建设的发展。

限于作者的学识和理解水平，书中难免存在不足和疏漏之处，恳切希望读者和同行予以批评指正。

目　录

第一章 林业发展

第一节 林业发展现状与现代林业建设对策

我国森林资源十分丰富，近年来，为不断适应国民经济和社会发展的需要，我国林业产业发展迅速。2015 年，我国林业产业总产值达 5860 亿元；经济林产品年产量也已达 7000 多万吨。林业产业为促进我国生态建设、国民经济做出主要贡献，成为我国经济社会全面发展的重要支柱产业。

林业是集经济性、生态型、社会性三种效益为一体，并与国民经济发展关系密切的一个产业群体，建设一种发达的现代化林业产业体系一直是现代化林业建设的主要目标之一，科学林业体系的建设对于我国现代化经济的发展有着密切的关系。目前，我国林业产业面临着一定的发展机遇，中央制定了一系列有利于林业产业发展的政策，经济全球化的发展局势也在一定程度上加速我国林产品贸易的发展，生物经济已然成为当今社会经济增长点之一。但也要清醒地意识到，我国的林业产业发展仍然存在一定的问题和挑战。

一、我国林业发展的现状分析

建设一种发达的现代化林业产业体系一直是现代化林业建设的主要目标之一，科学林业体系的建设对于我国现代化经济的发展有着密切的关系。在新中国成立的 70 余年以来，我国林业也逐年由传统计划经济林业发展为现代化的分类经营林业，这种现代化的经营林业是以生态建设为主，走分类经营产业化道路一直是我国林业发展的趋势，分类经营在一定程度上促进了林业资源结构和经济结构的重组。截止到 2012 年底，我国的林业产业结构已经得到全面的优化，产业规模也越来越大；2018 年，我国林业总产值已经超过 7.33 万亿元，木材产量已超过 8000 万 m^2，森林旅游为我国经济发展带来的效益也超过了 1.5 万亿元，全国范围内林产品的贸易总额也突破了 1600 亿美元。与林业产业相关的生物酒精、生物柴油、生物发电等产业也逐渐地进入到产业化阶段，森林食品、森林旅游、野生动植物繁育利用、生物制药等已经成为某些地区经济发展的支柱性产业，竹纤维、木基负荷等生物材料也渐渐地实现了产业化的生长。总之，在现阶段下，我国森林资源多样性潜力已经得到了充分的挖掘。

二、我国林业发展面临的机遇和挑战分析

目前，我国林业产业面临着一定的发展机遇，中央制定了一系列有利于林业产业发展的政策，经济全球化的发展局势也在一定程度上加速我国林产品贸易的发展，生物经济已然成为当今社会经济增长点之一。

但也要清醒地意识到，我国的林业产业发展仍然存在一定的问题和挑战，这主要表现在，林业资源总量还较少，龄组和树种结构不合理，整体生物的生产力也较低。虽然人工林业也得到了发展，但是仍然难以承担为社会生产提供木材、解放森林生态的重任，但总体来说，林业系统还不能满足社会生产的需求。目前，我国森林消耗需求量巨大，每年还存在一定的需求缺口，粗放式增长方式尚未得到根本的扭转，木材资源还较为紧张。整体木材制品缺乏营销网络和自主品牌，创新能力不足，贸易规模与贸易利益还不对称，产品以及企业核心竞争力还较弱，整体抗风险能力不足，综合效益质量偏低。此外，我国林业产业国际贸易仍然以传统的加工和生产为主，附加产值不高。据统计，目前我国人均木材的消费水平仅仅只有发达国家人均消费水平的10%，世界水平的43%，物种潜力、林业潜力、就业潜力、市场潜力尚未得到全面的挖掘和开发。

三、我国现代化林业发展的思路

（一）现代化林业的发展思路

现代化林业的发展应以科技为依靠、市场经济为导向、结构调整为策略，发展产业化林业经济，从而全面的提高林业产业的整体水平。在优化林业结构布局和发展方向方面，需要缺失的加强第一产业，全面发展第三产业，积极改变粗放型的增长方式，探讨新的增长点，建立一种竞争有序、种类齐全、优质高效、充满活力的现代化林业产业体系，全面推动林业产业的规模化、标准化、特色化以及品牌化建设。

（二）现代化林业的发展重点

在下一阶段，林业发展的重点应该放置在经济林、森林食品、用材林、森林药材以及野生动植物的繁育等方面，要发展一体化的杨树产业、能够美化城市的种苗和花卉产业，全面提升药材加工、森林食品、家具、木地板、木材造纸、林业机械等加工业；发展森林评估和咨询等服务业；发展生物材料、生物能源以及生物制药等相关的高新技术产业，全面突出林业产品的人文特色。

四、我国现代化林业的建设对策

为了发展现代化林业产业，政府方面必须要加强引导，完善现阶段下的林业税费政策，

不断优化相关林产品的进口和出口管理，同时，还要完善相关的法律法规，建立一种集木材营加工及相关附加产品利用准入制度。此外，还要不断对现阶段的公共服务进行优化，提高林业产业社会化、信息化的服务水平。此外，还可以根据每个省市的实际情况打造一批龙头企业，做好绿色产品、名牌产品的开发和扶植工作，并根据新农村建设的实际要求，做好重要议案的编制工作，这主要包括以下几个方面：

（一）树立林业持续发展理念

在现代化林业建设过程中，十分重要的一项目标及任务就是实现林业持续良好发展，而林业持续良好发展需要以持续发展理念为基础与依据。作为林业工作人员，应当对现代化林业建设的要求及需求加强认识，并且要能够认识到可持续发展的必要性及意义。在此基础上才能够形成可持续发展理念，而在可持续发展理念得以形成的基础上，可使工作人员对林业发展模式进行更好地深入研究，也就能够使现代化林业建设具有更好的依据与理论支持。所以，林业工作人员需要充分认识及掌握可持续发展理念，在此基础上才能够将这一理念在现代化林业建设中更好应用，使现代化林业建设取得更好的效果。

（二）注重以人为本，加大全民参与力度

作为农业大国，"三农"问题成为影响我国全面建设小康社会的重要因素，给我国现代林业建设造成极大阻碍。在国家相关会议中，林业建设成为了解决"三农"问题的重要途径，大大提高我国林业产业的发展速率。在实践过程中，注重以人为本，加大全民参与力度，才能真正加快新农村建设，使农民收益不断增加。在实践过程中，通过依靠林业使我国山区农业和区域经济不断发展，有利于提高农民群众的生活质量，进一步促进林业产业经济水平不断提升。

（三）大力发展现代化林业产业带，促进林业产业经济不断发展

现代化建设中，大力发展现代林业产业带，在一定区域内进行林业生产的加工和贸易，从而形成由第一产业、第二产业和第三产业共同组成的区域性林业产业群，可以促进林业产业区域经济不断发展。在实践过程中，这种产业带是由社区居民和投资主体共同参与完成，在不同环境中有着不一样的区域特性。因此，发展特色化的林业产业带，可以使林业基地得有效建设，从而推动我国林业建设的现代化发展。

（四）加强林业建设管理，完善林业经济市场体系

在林业建设过程中，必须不断加强管理，采用正确的管理模式，完善林业经济市场体系，才能促进我国林业产业的规范化、系统化发展。随着我国市场经济体制的不断完善，改革开放得到有效推进，林业的管理模式也得到不断创新。首先，在管理职能方面，采用高效的林业运行机构，根据实际情况，严格规定行政管理边界，以为林业产业发展提供可靠法

律保障，使林业建设中存在的问题得到有效解决。然后，不断完善林业相关的产权制度，可采用承包制的方式，激励和鼓励区域周边的农民进行林业种植、生产等，使林业资源得到有效利用，从而促进林业产业健康发展。最后，不断健全竞争机制，通过合理的奖惩机制，加强林业管理人员的管理意识，注重自身综合能力提升，以避免错误行为出现，推动我国林业市场现代化发展。

（五）提高林业产业的科技含量，提升技术水平

随着经济不断发展，高科技信息技术的应用范围越来越广，给我国林业建设现代化发展提供很多帮助。在实践过程中，注重先进技术和设备的运用，不断提高林业产业的科技含量和技术水平，才能真正提高管理水平，从而促进林业健康发展。通过使用人工林维护技术、人工林培养技术、造林树种的择优技术和复合经营技术等，提高现代林业建设的整体效益，以满足现代社会发展需求。因此，现代林业建设必须做到，科学种植、合理规划、提高种植的数量与质量，注重先进技术的研发和林业产品的开发，才能真正增加林业产品在国际市场中的地位，从而推动我国林业产业经济可持续发展。

（六）加强对现代化设备的使用

我国在机械生产方面具有一定的优势，因此可以将这种优势充分运用到林业建设上，加强对现代化林业设备的研究，加强对适应林业生产机械的生产与使用，利用先进的机械设备提高现代林业建设水平。现代化林业建设的设备不能长久依赖发达国家的进口，并且大力发展国内的林业生产机械，从而提高林业建设效率。

我国林业的发展正处于一个特殊的时期，虽然国家的大力支持给了林业发展更好的基础条件，但我国林业发展还存在一些较难解决的问题。现代化林业的发展不仅要以人为本，还要加强管理职能的转变，同时要提升林业开发技术的支持，只有这样，才能实现林业的可持续发展，进而实现我国经济的可持续发展。

第二节　探析林业造林技术及林业保护措施

随着我国经济的不断发展，林业产业为适应社会发展的需求，也正在一步一步地扩大。如今人们逐渐开始关注造林技术，关心人类共同生活的大家园。造林技术是改善我国生态环境的重要环节，也是林业经济发展的关键组成部分。掌握先进的造林技术不仅可以扩大森林面积，还可以提高国民经济的发展。在生态环境的建设中，林业发展是重中之重，林业发展不仅承担着改善沙漠的责任，还肩负着绿化城市的责任。

森林资源是林业生存和发展的物质基础，实现森林资源的发展是林业工作的出发点和归宿点。森林资源管理部门要重视森林的培育、保护和利用过程和环节，重视林业的组成部分，

实现林业管理职能的体现，发挥重要作用。经济的发展和林业发展是相互影响的，是不可分开的，在树木的发展管理当中就有经济管理。树木的生长情况就能判断出营业者和林业的管理者的专业水平，对于树木培育的技术水平都会反应在树木的成活率和生产数量上，所以相关人员应该做好树木生长的记录，最后总结得出经验。所以我们要保证管理人员具有高质量的管理水平、掌握育林技术，再制定相关的林业发展计划，避免林业发展的盲目性和随意性，从而保证林业良性发展。

一、林业造林技术

（一）林地规划

一个可持续生长的林地，需要根据林地的土壤条件、地形种类、地貌资源等，以及经济条件、生态环境、林地规划的目标和政府政策的要求，合理安排林木用地规模、施肥程度、种植技术。根据造林地区气候、土壤、植被、地形、地貌等自然条件、经济情况和土地资源，按照造林的目的和要求，对整地规格、株行距、肥料、苗木要求、施工技术要求、工序和工期要求等进行合理的规划和设计。人工林宜选择土沃深厚、地势平坦、郁闭度在 0.3 以下的荒山、荒地。根据不同的林种和森林培育目的，在设计中应区别对待。造林工程规划设计是造林工作施工、检查、监督和验收的依据，是造林成林、提高造林质量的前提。

（二）林地清理

造林地的清理，是造林整地翻垦土壤前的一道工序，即把造林地上的灌木、杂草、竹类以及采伐迹地上的枝丫、梢头、站秆、倒木、伐根等清除掉。分为全面清理、带状清理和块状清理 3 种方式。清理的方法可以分为割除清理、火烧清理和用化学药剂清理。割除清理可以是人工，也可以用机具，如推土机、割灌机、切碎机等机具。清理后归堆和平铺，并用火烧法清除，也可以采用喷洒化学除草剂，杀死灌木和草类植物。

造林过程中，清理技术是十分重要的，它能够保证林业的发芽率和成活率，因此是提升造林成活率必不可少的措施之一。提升造林的清理技术能够让林木更快地适应土壤条件，生长环境，能够改善林地的恶劣现状。与此同时，还可以清理林地中的杂草，增加土壤的透光力度，保证土壤的温度使再造林成活率增强。

（三）整地技术

整地方式分为全面整地和局部整地。局部整地又分为带状整地和块状整地。全面整地是翻垦造林地全部土壤，主要用于平坦地区。局部整地是翻垦造林地部分土壤的整地方式，包括带状整地和块状整地。带状整地是呈长条状翻垦造林地的土壤。在山地带状整地方法有：水平带状、水平阶、水平沟、反坡梯田、撩壕等；平坦地的整地方法有：犁沟、带状、高垄等。块状整地是呈块状的翻垦造林地的整地方法。山地应用的块状整地方法有：穴状、块状、鱼鳞坑；平原应用的方法有：坑状、块状、高台等。

在进行植树造林前，需要首先整理造林用土地。为了大幅度提升造林工作的整体水平和质量，需要在进行整理之前，依照当地土壤的实际情况，选择相对应的整地技术。在清理土地中残留的杂物时，可以利用不同的措施，常见的方法包括喷洒除草剂、火烧或者人工清除。此外，如果用于造林的土地比较平整，可以选择使用农业机械将土地翻垦。通过多项操作技术，能够为种植林木创造更加舒适、更加高效的成长环境。但如果需要在山地等复杂地形开垦林木，则可以将山地以类似梯田的形式整理出来，再进行播种。通过以上整地方式，能够为我国的林木种植造林工作打下坚实基础。

（四）林业造林方法

对于林业而言，首先需要重视林地工作，林地的肥沃程度、地形地貌和土壤条件都关系着林业的发展，也是林业产业的基础。同时，发展林业还需要考虑经济、生态、规划和政策等因素，科学设置林地用地规模，运用先进的种植和施肥技术，主要包括以下三种造林技术：

1. 播种造林法

在播种造林法方面，主要包括点播、条播和散播等三种细分方法，造林时需要根据土地和种子的实际情况，来分别运用不同的播种造林方法。一般来说，运用树种或者小颗粒种子开展造林活动时，建议采用散播法，提高成活率；如果种子属于中小颗粒，为了开展机械化工作，进而提高种子的利用率，保证树苗的整齐度，建议采用条播法；而对于大颗粒种子，应当采用点播法，需要在植株间设置一定的距离，同时将种子放置在松软的土壤中，确保种植的效益。具体到适用树种方面，播种造林法主要适合种粒大且易发芽的树种，例如茶油和核桃。

2. 分植造林法

在分植造林法方面，其主要是对已有的树木根系开展培育工作，对比传统的栽苗法，能够节约育苗的时间，降低了操作的难度，同时还进一步提高了林木的种植效率和存活率，有利于林业经济效益。分植造林法可以使新栽种的树木继承原母体的优势，但是该方面也会面临母体数量、林地条件和实际操作等因素的影响，受到外部的制约最强，具体到适用树种方面，分植造林法主要适合松树、柳树和竹子等营养繁殖类树木。

3. 植苗造林法

在植苗造林法方面，又被称为植树造林法，主要是栽种根系已相对完备的树苗。与种植和其他树苗相比，根系已相对完备的树苗具备更强的生命力，受外部环境的影响较小，有利于保证成活率。但是，在运用植苗造林法时，未能够充分保护树苗，容易导致水分流失，使得树苗根系缺失，将会严重危害树苗的种植结构，不利于树苗的健康成长。因此，在运用植苗造林法时，必须要高度重视树苗的保护工作，重点关注树苗的根系情况，保证根系的水分充足和完整性。

4.混交造林

混交造林是指由两种或两种以上的树种所构成的森林，根据树种的生物学特性及其生长类型，合理的搭配树种的位置。合理的搭配不仅可以提高林分的生产率还可以充分的利用阳光和水资源。混交造林实现了最大限度的利用土地资源，但如果树种配置不当，可能不会出现预期的效果，混交林与单纯林比较，混交林温度低、湿度大、风速小，所以火灾出现的情况也相对较少。在复杂环境条件下，混交林不但调节了相同树种的平衡性，而且还增加了森林树种的稳定性。

（五）补栽以及抚育技术

一般情况下，造林工程的周期多为 15d。在造林工程结束之后，工作人员需要及时地检查林木的发芽率和生长率。若发现幼苗没有出芽，需要把栽种的幼苗或者种子换掉，进行下一步的补栽工作。为了保证树木幼苗的健康生长，工作人员还需要进行幼苗的抚育管理工作，这也是一项重要的、关键的工作。

抚育要根据当地的实际情况因地制宜地进行。造林地的抚育采用全面抚育和局部抚育，采用最多的还是局部抚育，首先要保证肥料、水充足，施氮肥时，还应当配合水与氮磷钾。当施肥过后，为了改善土壤理化，降低病虫害的发生，相关人员还需要定期进行除草和松土，为了让幼林、成林得以健康生长，在其生长时还要根据树木的习性和生长特点进行必要的修剪处理。

造林前应该选取高质量健康的幼苗，造林后根据幼苗的生长状况科学地进行灌溉。在幼苗发芽的一个月之后，需要将种植地周围的杂草处理掉，同时抚育，保证培育区域呈现无杂草的状态。每年应该对杂草进行大约 2 次的处理，施肥，同时做好病虫害的防护工作。造林之后的抚育工作一般在幼苗发芽的 3 天后进行。这项工作需要在原有的土壤含有量下，将土壤延伸大约 10cm 的长度，与此同时，在林木上覆盖一层和当地土壤状况类似的新土。幼苗的抚育工作是确保林木健康成长的基础。

二、林业保护措施

（一）完善林业资源保护的管理制度

林业作为生态环境的核心组成部分，有利于保障人类的生存，其具备可再生的特征，然而生长周期也较长。在此背景下，政府一方面需要重视林业的经济效益，另一方面也需要关注林业的生态效益，在林业发展中维护着相应的平衡。为此，政府应当出台和完善林业管理制度，严禁违规的林业开采活动，设立相应的奖惩机制。比如针对违规程度不同的林业开采行为，政府可以采用不同的惩处措施，例如：警告、罚款、拘役、判刑，做到有法可依，依规办事，执法必严。通过建立和完善规章制度并予以落实，能够优化林业资源配置，合理控制损耗，调整林业结构，进而提高整个产业的发展效益，实现可持续发展。

（二）培养一支专业素质强的管理队伍

林业管理工作人员素质的高低，直接关系到林业工作质量的好坏。高质量的工作需要高素质的工作人员，这是林业工作的特点及对工作人员素质提出的要求。各级林业管理部门，应注重加强林业工作人员的培养和专业素质的提高，采取开办培训班，加大林业知识的传播力度，宣传林业保护工作的重要性、相关法规和保护措施，也可以选聘专业技术强的人才加入到林业资源保护的工作中，提高林业工作人员的知识结构，整体上增强林业工作人员的素质。

（三）加强森林资源采伐的限额管理

为转变林业资源出现的不应有的损耗局面，各级林业管理部门应建立实行限额采伐林木资源的政策规定或规章制度，并严格对政策及规章的执行情况进行监督和审核，对不符合规定要求的采伐申请一律不予批准，避免出现过度采伐的问题。限额采伐是当前控制森林资源不合理消耗的最有效措施。实行限额采伐管理，相关管理单位必须要对申请办理采伐许可证的单位以及个人，进行认真的审核，把好关，根据其实际情况确定其采伐数量以及相应的采伐方式，然后再将制定的方案上交给上级林业管理部门进行审批。采伐单位或个人必须要严格执行采伐计划，不得过量采伐，不得使用不合理的采伐方式。另外，还要严格执行伐区设计，不得在抚育中出现"砍大留小"或是"砍坏留好"等现象，严格贯彻落实"伐中检查""伐后验收"。最后，必须要强化"凭证采伐、凭证运输、凭证加工"制度，凡是有违反者，要进行严格的处理。

（四）加强林业资源病虫害的防治和森林防火意识

对林业病虫害的发病原因以及病虫害种类进行分类，有针对性地开展林业检疫工作，保护林业健康发展。根据林业发展状况，制定科学完善的管理制度，提高检疫技术，引进先进的设备和技术，提高人员的技术水平和综合素质，减少病虫害的发生概率，降低林业资源的损失，改善林业生态系统，促进林业健康发展。另外，要严格控制森林火灾的发生，森林火灾是导致林业资源过度损耗的主要因素。因此，应对森林火灾进行重点防控，成立专业消防及应急队伍，设立防护林及防火隔离带，一旦发生火灾应全力消灭，避免火势更大范围地蔓延。同时要建立并完善应急预案，经常对预案进行演练，对演练中出现的问题及时纠正，进一步对预案进行修改完善。

（五）提高技术素质，保证调查设计质量

森林调查设计资料是企业组织生产、编制计划、科学经营、培育森林资源的可靠依据，是法定性技术文件。天然林生长抚育技术要求高，作业质量细，所以，在调查设计过程中要严格执行设计规范和实施天保工程后对森林抚育的有关技术要求。尤其是要严格把握设计强度和合理确定保留木采伐木是调查的关键环节。采伐强度是有效保护森林环境，维护群体生态平衡，提高再生产能力的重要指标。而把握好采、留标准则是保持森林旺盛生命力和提高林分质量的关键所在，才能真正做到留优去劣，主要是把好五关：即伐区区划关、每木关、因子调查关、采伐强度关、采伐对象关。

（六）重视林业生态效益，打造可持续发展的林业

林业生态效益是从经济的效益出发，根据经济效率和经济总量来保证经济增长，经济效益越高，经济总量越大。其次，林业生态效益是一种劳动再生产，因此必须用相关因素予以制约，从而保持良性的环境循环体系，使绿色产业成为其支柱产业。在现阶段的我国林业发展过程中，对林业经济的综合效益越来越重视，因为林业经济的经济效益是建立在其生态效益的基础上的。

目前我国一直提倡走可持续发展道路，对林业也是如此，国家要发展，经济要增长，就必须有可以利用的资源去发展去开采。但是一味地砍伐树木，只能得到一时的效应，用长远的目光看这是在落后。所以林业方面要想森林的成长速度大于森林资源的消亡速度就必须建立起良性的循环机制，一边输出一边增长，以此有效实现森林资源的可持续发展。为了一些特殊的保护区能够依然生态稳定，必要时进行封林处理。

总之，随着经济的高速发展，人们的生活质量和生活水平随之提高，现在林业已经成为我国国民经济中不可或缺的重要组成部分。林时应根据当地的具体情况选择合适的造林地以及造林方法，最大限度地保证苗木成活率以及质量，对于出现的病虫害要及时解决。

第三节　近代林业科技要籍述略

中国林业科技要籍是记载我国林业科学技术的重要历史文献。中国古代林业科技源远流长，及至近代，中西方文化融合，各种思想的激烈碰撞，使近代林业科技得到了长足的发展。文章概述近代林业科技领军人物及其主要著作，不仅可以揭示近代林业要籍对当时的林业以及林学产生的影响，而且对于中国林业现代化建设亦有历史借鉴作用。

一、我国林业的科技源流

先民们对森林效益的认识是一个逐渐深化的过程，森林之利用，古已有之。远古先民们"食草木之实，鸟兽之肉，饮其血，茹其毛；未有麻丝，衣其羽皮"，"冬则居营窟，夏则居橧巢"。及至春秋战国时期，生产力的提高推动了科学技术的进步，一些反映林业科技知识的作品问世。如《诗经》虽是一本诗集，但其中森林地理、森林采伐与利用和树种识别的内容亦反映出当时的林业生产经验和水平；《周礼》提倡"土宜之法"，"以土宜之法，辨十有二土之名物"，即以各种土地所适宜的人畜和植物的法则，辨别十二土地区域中各物的名称，从而最大限度地使人类、鸟兽和草木和谐生存；战国时期，《孟子》和《荀子》分别提出"斧斤以时入山林"和"不夭其生，不绝其长"，其中所反映的森林永续利用问题影响深远。此后，从秦汉到晋朝，《尔雅》《淮南子》《盐铁论》《氾胜之书》《四民月令》《广志》《竹谱》等书中收录的林业资料大抵有两个特点：其一，介绍了一些国外的特种木，如西汉时期，中外经济文化交流频繁，部分树种克服了"橘生北而为枳"的问题，成功引种；其二，人们对木材性质的认识更加深化，除了稍早的《淮南子》《盐铁论》等书籍外，《竹谱》对竹类的介绍全面且具体，这是中国第一部竹类专著，此书着重对南方竹的特性、用途和产地作了详细的介绍。

从隋代到元代，这一时期的林业科技著作秉承前人的研究成果，同时也有突破性发展。如唐代柳宗元在《种树郭橐驼》中以种树人郭橐驼为例，提出"顺木之天，以致其性"的观点，即尊重自然规律和树木的习性，同时也提出一套植树造林的原则，即"凡植木之性，其本欲舒，其培欲平，其土欲故，其筑欲密，其莳也若子，其置也若弃"。这番言论合乎科学道理，同时也体现了只有从客观实际出发，正确认识客观规律，按规律办事，才能使主客观统一的哲学观点。宋代陈翥著《桐谱》一书，全书16000余字，不但记载了泡桐根、花、叶茎的形成，对泡桐的类属、习性、栽培、生长和利用也都作了详细论述。宋朝蔡襄《荔枝谱》是我国最早的荔枝专著，全书分为7篇，研究范围包括荔枝的历史、分布、特性、产销、栽培事项、加工技术、品种等内容。宋朝韩彦直《橘录》问世后受到许多园艺学者的关注，进入近代后，多种译本传入欧美日等国。《橘录》共3卷，卷上和卷中分别描述柑橘的分类、名称和性状，卷下阐述柑橘的栽培技术，包括种植、去病、浇灌、采摘、收藏、入药等内容。另外，宋代《东坡杂记》、元代的《农桑辑要》《王祯农书》所记载"松柏苗的播种、扦插、灌溉、遮阴、防寒等技术细致而完善，几乎与今日的育苗措施并无二致"，可以说，这一时期的林业科学技术呈现出继承和创新的特点。

明清时期，林业科技要籍多以总结性的论著为主。如《康熙字典》和《本草纲目》几乎囊括了中国树木和鸟兽的重要种类，"《本草纲目》收录果类104种，木类138种，禽类76种，兽类78种。《康熙字典》收录果树43种、树木394种，竹子210种，兽类236种，鸟类439种"。再以《中国农业古籍目录》为例，收录的古籍名目以正、副为编，罗列了中国现存农业古籍目录，和中国台湾、日本、美国收藏的古籍佚目。其中辑录园艺作物的书籍共计561本，竹木茶217本，蚕桑类433本，占农业古籍总数的近三分之一。总体而言，这一时期的林业科技要籍多以系统性梳理为主。

二、近代林业科技著作概述

中国古代的林业科技书籍多散见于历代文献典籍中的自然科学史料，影响力有限。明清时期，由于人们的思想受到钳制，学者们故步自封，林业科技的著作系统性有余，而创新性不足。林业长期依附于农业，造成"事业不动，学术不昌，著述不易，刊物不多"，及至近代，尤其是经过鸦片战争，东西方文化被动地开始了交流。光绪后期，一批留学生前往西方等国，传教士也在布道时传入一些先进的林业知识，因此，中国近代的林业科技著作呈现出东西方科技交融的特点。

近代林业科技要籍大体分为以下三类。

（一）翻译引介西方科技著作

最早译著的外国林业教材，"是在一八九八年（光绪二十四年）前后，上海农学会刊印的农学丛书，共八十六卷，分七年印出。最初出版的《农学初阶》及《农学入门》中译有美国墨求来恩及旦尔亨利等著的有关《树木育苗》《论森林刈伐》及《论植物与动物》等篇章；英国学者写的《植物起源》、日本林学家奥田贞卫著的《森林学》（农学丛书卷二十，樊炳清译）、日本林学家本多静六著的《学校造林法》（农学丛书卷三十，林王译）"。

以奥田贞卫所著《森林学》为例，该书条目清楚，内容翔实。全书共计7章，前三章主要介绍森林的历史沿革和各种性质，属于普及性知识；后四章的内容涉及森林的营林学、管理学、森林动物学并植物学、森林物理学并化学等各科学理论，以理论结合实际进行论述。以造林为例，作者总结了桂木、椿、青桐、黄檗、橡木、漆木、樟木、黄杨、桦等几十种木材的熟实期、原产地、适地播种期、自播种至发芽日之数、移植日期等，为生产实验提供了宝贵的经验，这本书在传播林业科学方面具有"先锋"的作用。

清末民初，这些资料的传入，对我国林业教育的启蒙发展是有一定促进意义的，常常被用做教材或参考书。但是讲课时，老师常常单纯传授国外的知识，很少能够理论结合实际，讲授中国的林业。

（二）林业科学的讲义

早期国内讲授林业课程的老师以外籍教师为主，外籍教师中又以日籍老师为主。"山西农业专门学校的主要教师就由日本农学士冈田真一郎和林学士三户章造担任；南京三江师范日籍教师超过十人。"讲课时，老师和翻译需要同步进行，学生边听边记，课后复习。民国初期，海外学子归国，大都加入到林业教育的队伍之中，如梁希、侯过、姚传法、凌道扬、李寅恭、陈嵘、陈植、张海秋等，逐渐改变了过去依靠外国人授课的局面。

由于各校均无固定的教科书，当时的所谓教材都是出自老师的讲义。讲义年年用来教学，又年年补充，一是补充教学心得，二是补充最新知识，三是补充研究成果。如李寅恭早年留学英国，回国后先后开设树木学、造林学、森林保护学等多门课，被誉为中国近代森林立地学的奠基人之一。他所编写的《森林立地学》是中国近代第一本森林立地学教材。这本讲义结合李寅恭在国内外所学，阐述了森林群落的成因和分类，提出森林群落和森林演进的理论；从土壤、气候、生物等方面，论述森林与环境的关系；并提出了营林和人工林问题。

作为林学的开拓者，梁希早年留学日本，后自费前往德国撒克逊大学林学院和塔朗特植物化学研究所研究林产化学。回国后，长期从事木材学和林产化学的教学工作。梁希自编教材，整理出《森林利用学》《林产制造化学》等讲义，并年年充实内容。他讲授的《森林利用学》，"叙述森林的采伐与运输，对伐木的方法，使用的工具，以及陆运的滑道、索道、运输工具，水运的放羊、扎排、流送、出河、堆垛和制材工艺、设备等都扼要加以叙述，还附有许多插图示意"。《森林利用学》一书图文并茂，条目清楚，此外，梁希也是中国林产制造化学的奠基人。依梁希所言："往昔从事林产制造者，以五倍子、树脂等为主要目的，至主产物木材之利用于林产制造者唯烧炭事业而已。"正因如此，造成中国林产制造业发展单一，各种生产技术停滞不前的局面。当时人们对林业制造学的认识有限，把其划归林业技术学，梁希因为受到西方先进思想的影响，将林产制造学改名为林产制造化学，"编为专述利用木材或树皮、树叶、树实等副产物为原料制成他种物质的制造化学"。梁希将西方国家的林产制造化学技术与中国的相关资料结合，加入自己的研究成果，编撰而成《林产制造化学》讲义。金善宝对此书给予很高评价，他认为："本书《林产制造化学》实集我国林产制造化学之大成，是林化学科的一部有重要科学价值的著作。"

（三）林学家的专著

陈嵘曾分别在日本东京帝国大学学习林学和美国哈佛大学安诺德树木园研究树木学，学贯中西，学识广博。归国后，曾出版多部林业科技专著和相关论文，如1933年，陈嵘出版《造林学概要》和《造林学各论》；1934年出版《历代森林史略及民国民政史料》（1952年该书改名为《中国森林史料》并再版）；1937年第一版、1953年再版《中国树木分类学》。他所编纂的《中国森林史料》共计三部分：第一编历代森林史略；第二编民国林政史料；第三编为中华人民共和国成立后之林业设施。参考书籍中既有古代文献，从《古三填书》到《植物名实图考》，时间跨度数千年；也有各类杂志报告，其中尤以张福延之《中国森林史略》、鲁佩璋之《中国森林历史》和李代芳之《中国森林史略考》为重要参考，谓"继三氏之努力略加扩充而已"。陈嵘通晓多国文字，因此也参考了包括《满蒙之森林及林业》和《林业历史概要》（A brief history of forestry）等在内的日文和英文的文献。

陈嵘的著作中，既有对前人成果的总结和陈述，也有开创性的专著，后者以《造林学概要》和《造林学各论》两书较为典型。这两本书的问世标志着造林学成为我国现代学科。虽然我国古代从《诗经》开始，及至清末的《农学报》，近200部文献和史料中对造林学的内容均有记载，但是系统性论述造林学原理和主要树种的栽培技术资料阙如。陈嵘的这两本书不但填补了这方面的空白，而且在联系中国实际，总结劳动人民的生产经验方面也有贡献。

郝景盛在德国留学时，先后获柏林大学理学博士和爱柏斯瓦德林业专科大学林学博士学位，回国后著有《造林学》《中国林业建设》《森林万能论》等书。《造林学》一书从生态学的角度出发，将国外先进理论与中国实际相结合，论述造林技术，成为当时国内第一部最新的造林学专著和造林教材。《中国树木分类学》则是郝景盛所撰写的一本较为详细介绍中国木本植物种类的书籍，书中记述"木本植物全系中国产，计150多科，将近1000属，7000多种，南至海南岛，北至黑龙江，东至海滨，西至帕米尔高原，中国国土上的木本植物，大致搜罗无遗"。而且，郝景盛还运用了国际通行的标准，将木本植物分为四类，即裸子植物、合瓣植物、离瓣植物和单子叶植物，每一类再细分为群，群下再细化为科、属、种。为了便于记忆和识别，每一类都以代表植物为例，详细列出其形态、学名和用途等。为便于对照和参考，表1-1中罗列了近代林业科技重要学者及著作。

表1-1 近代林业科技重要学者及著作一览表

姓名	研究方向	主要著作
陈嵘	造林学、树木分类学	《造林学概要》《造林学各论》《中国森林史料》《中国树木分类学》《造林学特论》
梁希	林产制造化学、森林利用学	《林产制造化学》《森林利用学（讲义）》
李寅恭	森林立地学	《森林立地学（讲义）》
郝景盛	造林学	《造林学》《中国木本植物属志》《中国树木分类学》
唐耀	木材学	《中国木材学》
陈植	造林、森林立地学	《造林学原论》
凌道扬	水土保持学	《森林学大意》
贾成章	森林立地学	《树木耐阴性之研究》
张海秋	测树学、森林经理学、林产制造学	《测树学讲义》《森林经理学讲义》《森林数学》《林产制造学（讲义）》

三、近代林业科技要籍的影响

无论欧美，抑或中国，最初的林业教育都是以口口相传的形式传播。18世纪后期，在西欧国家，林业技术和理论已经形成科学体系，学校里开设林业课程。19世纪，这股风潮又蔓延到亚洲及其他地区。中国因为长期闭关锁国，封建教育依然以科举制为正统，林业教育发展缓慢，没有实质变化，鸦片战争后，西方国家的先进林业科技知识开始大量涌入中国，中国林业科技出现了许多新的变化。

（一）近代林业科技要籍对林业学科建设的影响

侯过和张福延引入了德国学者胡伯尔和斯马林的测树学方法以及森林经理学原理；李寅恭系统研究并引入西方森林立地学知识；近代引入西方植物分类学知识，并采用林奈的二名法和恩格勒的自然分类系统，从而奠定中国近代树木学的基础；在梁希、朱惠方和唐耀等人的努力下，中国木材学创立；梁希重新定义林产制造化学，"编为专述利用木材或树皮、树叶、树实等副产物为原料制成他种物质的制造化学"。这一时期，中国近代林业要籍中还出现许多"第一"，如陈嵘撰写的《中国树木学讲义》是中国近代第一部关于树木学的巨著；李寅恭编写的《森林立地学》讲义是中国近代第一本森林立地学教材；唐耀撰写的《中国木材学》是中国近代第一部木材学著作。此外，胡先骕和郑万钧联名发表的论文《水杉新种及生存之水杉新种》甚至震动了整个植物学界。这些著作的出版和问世影响深远，不但成为当时各大学的教材或参考书，而且为学科建设和发展打下了基础。

（二）近代林业要籍对造林和林业产业的影响

中国近代林业科技要籍更多的呈现出中西糅合、理论与实际结合的特点。过去，旧思想禁锢人们的思维，学科发展缺乏创新。以林产制造化学为例，过去的林产制造化学，可资利用的主要集中在五倍子、树脂等少数原料上，主产物木材也只用来烧炭而已。而西方国家早已将林产制造学变成一个以林产物为原料，经过化学和物理加工方法生产产品的活动，而且生产内容多元化，包括松香、紫胶、栲胶、樟脑、五倍子、木材热解和水解产品等。这一时期，由于林学家们的扬弃，林业科技作品也呈现出理论性和实践性较强的特点。即使某些实验条件不能达到，但读者在读后便可活学活用。

近代各种林学要籍的出版还为引种造林提供了理论依据。近代中国国势衰微后，一些饱学之士意识到我们必须师夷长技以自强，多学习，多借鉴。民国时期引入的国外树种有桉树、火炬松、加勒比松、长叶松、美国白松、多脂松、落羽杉、沼生栎、美国榆、美国肥皂荚、红椿等。虽然部分新品种出现了水土不服、异地夭折的现象，但是林业工作者也因此意识到认识是一个不断深化的过程，"非经数十年之确切证明可以借种于异地者，断不可贸然从事也"。

（三）催生中国近代林业教育

由于近代林业生产的发展，伴随着大量先进林业科技思想的传入，催生并促进了中国林业教育事业发展。

近代高等林业教育主要是在大学里的农学院下设森林系或在农业专门学校里设置林科。至北洋政府时期，全国共有8所大学的农学院设立森林系，分别是北平大学、金陵大学、山东大学、中山大学、武汉大学、河南大学、广东大学和中兴大学。国民党执政时期，河北大学奉令停办，原河北大学农科改名为河北省立农学院，并下设林学系。另外，1927—

1934 年间，中央大学、广西大学、浙江大学、安徽大学的农学院也纷纷增设森林系。抗日战争期间，由于校址搬迁，学校或重组，或停办，或内迁，至中华人民共和国成立前，农学院中设有森林系的学校多达 24 所。

自晚清始，中等林业教育在中国悄然兴起。随着民族资本主义的发展壮大，"实业救国""科学救国"的主张开始深入人心。怀抱振兴祖国的希望，决心学习某一项技术的青年人开始增多，一些林学文章或书籍也从实利主义出发，介绍和普及了很多林业初等科学技术，中等林业教育还仿照日制，在甲、乙两种农业学校内设置林科。整个民国时期所设立中等林业学校和设有林科的农业学校共计 24 所，其中林业学校 5 所，农业专门学校 14 所，农林学校 5 所。

综上所述，中国近代林业古籍是记载我国近代林业科技的重要历史典籍。根据记载："至林学著作，自民国以来，关于森林调查、建设森林计划以及林学之研究，所著论文，不下数千篇。"

第四节 中国近代林业学术团体发展史略

自道光二十年（1840 年）鸦片战争以后，帝国主义列强侵略日益加深，于是在我国爱国知识分子中掀起了一场救亡图强的爱国运动，维新志士强烈要求发展科学教育事业，振兴工农业生产，以拯救国家、民族于危亡之中。

甲午之战以后，光绪二十二年（1896 年），近代著名实业家张謇首先提出了创建农学会的建议，同年罗振玉等人士集会研究农业科学并从事农业科学实验工作，随之在上海创建了"务农总会"，亦称"上海农学会"。林学历来是农学的重要组成部分，所以其会所定的宗旨是采用中西各法，组织进行农林方面的科学研究和实验。当时会员主要遍布江浙一带，并成立了一些分会性质的学术团体，如江苏如皋成立了"农桑公社"，浙江瑞安成立了"树艺会"等。光绪二十三年（1897 年）五月，上海务农会创办了《农学报》，初为半月刊，次年改为旬刊，办至光绪三十二年（1906 年）停刊，十九年间共出版农学报刊 315 期，据有人初步统计，其中刊登介绍国内外有关研究造林、森林经营、森林利用等林业科学技术方面的文章约有 50 篇。上海务农会通过多种途径为宣传、交流林业科学技术经验、成就信息，促进近代林业生产建设的发展起到一定的作用。至民国初年，我国才创建了独立的中华森林会，以后，中华森林会又改为中华林学会，是为现代中国林学会的前身。

一、中华森林会

中华森林会是中华林学会的前身，它与中华农学会是一对孪生兄弟，同在民国六年（公元 1917 年）初诞生。当时任江苏省立第一农业学校林科主任的林学家陈嵘是中华农学会的发起人之一，是会成立于上海，初期仅有会员50余人，不少老一辈的林学家如梁希、陈嵘、曾济宽、李寅恭、韩安、凌道扬、傅焕光等都是中华农学会的早期会员，有的还担任过会长或干事。同年春，林学家凌道扬等提出组织林学界自己的学术团体——中华森林会的倡议，得到金邦正、陈嵘等人的支持而宣告成立，其宗旨是："集合同志，共谋中国森林学术及事业之发达。"会务是："刊行杂志，编著书籍；实地调查，巡行演讲；促进森林学术及森林教育；答复或建议关于森林事项。"会员分三种即："研究林学或从事林业者；热心林业，担任辅助本会会务进行者；赞成本会宗旨，有心森林事业者。"组织分两部："董事部：督行全会事务，由全体会员公举董事组织之；学艺部：担任学术上一切事务，由会员组织之。"（《中华森林会会章》摘要）。当时会址设在南京太仓园五号，它是我国最早的林业学术团体，它的成立是我国传统林学向近代林学过渡的重要转折。

中华森林会的会员大多是中华农学会会员中的林学界人士和南京金陵大学林科部分在校师生。民国十年（1921年）又成立了金陵大学森林会，作为中华森林会的一个支部，会员有鲁佩章、李代芳、李顺卿、高秉坊等共27人。在日本北海道帝国大学林科攻读的中国留学生安事农、蒋蕙荪、谢鸣珂等11人，成立了"清明社"成为中华森林会的另一支部。中华森林会的会址于1921年从南京移至上海北京路4号。凌道扬担任过中华森林会董事长。

民国七年（1918年）12月，中华农学会创办不定期的学术刊物——《中华农学会丛刊》。中华森林会当时尚无力单独出版自己的刊物，因而会员撰写的林学论文都在《中华农学会丛刊》上发表。民国八年（1919年）10月，此刊出至第五集后，改由中华农学会与中华森林会共同编辑，并自民国九年（1920年）3月起，将刊名改为《中华农林会报》，期号则顺序编为第六集。从七月起改为月刊定期出版，每集上都有林业方面的文章。后来中华森林会会员逐渐增多，至民国十年（1921年）3月乃决定单独编辑出版自己的林学刊物——《森林》，于是《中华农林会报》又改为《中华农学会报》。

《森林》是我国第一个林学杂志，季刊，16开本，封面刊名由当时北京政府大总统黎元洪题署《森林》二字。内容分论说、调查、研究、国内外森林消息、附录等栏目，每期还附有2-4幅铜版照片。《森林》的主要撰稿人是南京金陵大学林科的师生。很多著名林学家都为《森林》写过专文，如民国十一年（1922年）我国发生严重水灾，无数灾民流离失所，《森林》第一卷第三号上特刊出凌道扬的《中国今日水灾》一文，还特在正文前加一插页，用红字刊印一则"警告"，其全文如下：

"民国六年（1917年）直隶水灾，我国当未忘也。去年北五省旱灾，我国人民更当未忘也。试问今年如何？岂非水灾又几遍全国乎！美国前总统罗斯福云：'中国濯濯童山之真相，实答人不胜惊惧。水灾旱厉，屡见不已，皆系无森林之结果。'嗟我国人，可以醒矣！"

在这一期的图版上，还刊印"水灾之惨状"照片二幅，其一为该年黄河决口，山东灾区难民逃亡之状；其二为津浦路南段淮河决口后之惨状。又刊印"水灾之由来"照片二幅，一幅为直隶（河北）西北部荒山；另一幅为直隶无森林之状况。这两幅照片系美国总统罗斯福在议院演说时用以说明中国之水旱灾多，乃无林的结果。照片是由美国林学家赠送的。

罗斯福的演说由金邦正译出，与凌道扬的《森林与旱灾之关系》一文同载于《森林》创刊号上。中华森林会的《森林》刊物为宣传近代林业科学知识，促进林业建设的发展起到一定的作用，因而受到农林界的普遍重视。至民国十一年（1922年），一年零九个月中，《森林》出版了七期，由于当时军阀混战，政局动荡，学会经费无着，乃被迫停刊，同时会务活动亦告终止。

二、中华林学会

民国十七年（1928年），国民政府成立农矿部、设林政司主管林业行政，以后又公布了《总理逝世纪念植树式及各省植树暂行条例》，又列造林运动为训导民众的七项运动之一，并曾征求国内林学家对造林运动及发展林业的意见。这时云集在南京的林学界人士认为农林并重的精神又复出现，有必要恢复林业学术团体活动，遂于民国十七年五月公推姚传法、韩安、皮作琼、康瀚、黄希周、傅焕光、陈嵘、李寅恭、陈植、林刚等十人为筹备委员，经过三个月筹备，于同年八月四日在南京金陵大学农林科举行了中华林学会成立大会，姚传法、陈嵘为大会主席，大会通过了《中华林学会章程》，确定以"集合会员，研究林学，建议林政，促进林业"为宗旨。并选举姚传法、陈嵘、梁希、凌道扬、黄希周、陈雪尘、陈植、邵均、康瀚、吴桓如、李寅恭等十一人为理事，姚传法为理事长。理事会下设总务、林学、林业、林政四个部。黄希周、陈雪尘为总务部正、副主任；梁希、陈植为林学部正、副主任；凌道扬、康瀚为林政部正、副主任；李寅恭、邵均为林业部正、副主任。当时会员有88人，会址设在南京保秦街12号。

中华林学会成立后，向农矿部设计委员会提出了设立林务局和林业试验场两项建议；向江苏省农政会提出了划分林区设立林务局和林业试验场，以及统一江苏林业行政、确定江苏农林事业经费等项建议，同时还举办了普及林业知识演讲会。如邀请梁希作《民生问题与森林》的演讲，在社会上引起很大的反响。民国十八年（1929年），中华林学会编辑的不定期刊物《林学》于10月底正式出版，为16开本，封面为仿宋体《林学》二字，并附英文刊名。封里印了一页《总理遗训》，摘录了孙中山的下列三句话：

"我们研究防止水灾与旱灾的根本办法，都是要造全国大规模的森林。"

"我们讲到种植全国森林问题，归到结果，还是要靠国家来经营，要国家来经营，这个问题才容易成功。"

"山林川泽之息，矿产水利之利，皆为地方政府所有，而用以经营地方人民之事业。"

姚传法为《林学》创刊号写了一篇《序》，以代发刊词。创刊号上载有姚传法、梁希、凌道扬、陈嵘、黄希周、陈雪尘、陈植、安事农、邵均等人的文章。篇末有《大事记》一栏，记录学会的会务活动。

民国十八年（1929年）十一月，中华林学会举行了年会，决定：（1）理事人数改为九人，每年抽签改选1/3；（2）理事会设总务部、编辑部和募集基金委员会。年会选举凌道扬、陈嵘、梁希等九人组成了新的理事会，选凌道扬为理事长。其他各部委人事作了推选安排，当时已有会员 108 人；这届理事会提出的建议有：（1）国民政府考试院应增设森林组；（2）小学教科书中应增加关于森林的内容。民国十九年（1930 年）春季，中华林学会曾协助当时的农矿部开展植树造林运动，并制定了《首都（南京）西北区林园计划》。同年十一月十二日，中华林学会在南京金陵大学举行了年会，有会员 50 多人参加。

民国十九年（1930 年）四月，日本农学会在东京举行年会特别扩大会，中华农学会与中华林学会共同派代表五人参加。林学会代表为曾济宽、张海秋、傅焕光三人。曾济宽在特别演讲会上做了题为《中国南部木材供需状况并财政上之方针》的演讲；张海秋在林学会分部会上讲了《中国森林历史》，傅焕光在造园学会分部会上讲了《中山陵园计划》。

"九·一八"事变以后，抗日救国运动席卷全国，中华林学活动被迫停止。《林学》杂志于民国二十年（1931 年）十月出到第四期亦即停刊，会员只好在《中华农学会报》上发表文章。民国二十二年（1933 年）梁希到中央大学森林系任教，兼任《中华农学会报》主编，他在民国二十三年（1934 年）十一月编辑出版了一期"森林专号"、刊载林业论文 22 篇，其中由他写了一篇《中华农学会报森林专号》弁言，对当局不重视林业进行了揭露，指出了"中国近数年来林业教育、林业试验、林业行政之所以陷于不死之状态"的根源，并对我国林学刊物遭遇的厄运作了尽情地倾诉。

民国二十四年（1935 年）中华林学会在南京曾恢复活动，但至民国二十六年（1937 年）因抗日战争爆发，使林学会又处于瘫痪状态。部分林学会会员又参加农学会活动。这一届，梁希被选为中华农学会理事长。

民国三十年（1941 年）在重庆的一部分林学会理事和会员集会，决定恢复中华林学会活动。经过讨论，修改了会章，改组了机构。选举梁希等十七人为理事，其中梁希、姚传法、朱惠方、凌道扬、李顺卿五人为常务理事，姚传法为理事长。还选举陈嵘等九人为监事。理事会下设总务部、编辑部、编辑委员会、林业施政方案委员会、林业政策研究委员会、基金保管委员会等组织，这时会员已发展到 324 人。还在成都成立了分会。民国三十二年（1943 年）以后，中华林学会还增设了奖学金保管、茶叶研究、油桐研究、药材研究和水土保持研究等委员会。

中华林学会在重庆复建以后，因理事们散处各地，战时交通艰阻，很少举行理事会，但经过理事和会员的共同努力，在经费、纸张和印刷条件极度困难的情况下，使停刊达五年之久的《林学》在重庆复刊。该刊用手工制造的草纸坚持出版了四期，到民国三十三年（1944 年）四月出版了第 3 卷第一期后，终因种种条件限制被迫停刊。《林学》杂志由民国十八年（1929 年）创刊起，到民国三十三年（1944 年），先后共出版了十期。

抗日战争胜利后，中华林学会从重庆迁回南京，会址设在大光路 34 号，民国三十六年（1947 年）十一月，中华林学会与中华农学会在南京联合举行年会，共同庆祝学会成立 30 周年。此时，中华林学会会员已发展到 500 多人。

民国三十四年（1945 年）8 月，日本投降后，台湾光复回归祖国，大陆上许多林业工作者应邀或被派往台湾工作，梁希先后两次应邀（1946 年及 1948 年）到台湾视察，曾与朱惠方联名提出《台湾林业视察后之管见》，深受台湾林业界的重视。他在离台前还促成台湾林学界于民国三十七年（1948年）四月在台北市台湾林业试验所，举行了中华林学会台湾分会成立大会，出席会员达136人，选出林谓访、徐庆钟、邱钦堂、黄范孝、唐振绪、王汝弼、黄希周、胡焕奇、康瀚等九人为理事，林谓访为理事长，从而为台湾林学会组织奠定了基础。

中华森林会和中华林学会是中国近代成立较早的自然科学学术团体，对联合、组织林业学者，宣传林业，开展林业学术研究和交流，推动林业事业的发展起了积极的作用。但是，由于政局动荡和经济困难等原因，曾几起几落，学术刊物也时出时停，经过理事和会员艰苦奋斗，竭尽全力，学会才得以勉强支撑下来，直到新中国成立才获得新生。

第二章 林业技术

第一节 林业技术推广分析

林业作为我国十分重要的产业之一，同时也是谋求人类社会和自然环境和谐共处的产业，其发展好坏具有十分深远的影响。林业在发展中，林业技术推广主要是指将现代化先进技术同林业产业结合在一起，提升林业生产效率和生产质量。所以，在林业发展中，林业技术推广对于劳动投入和经济收益具有十分深远的影响，由于其中仍然存在一系列缺陷和不足，这就需要林业部门相关人员能够明晰自身职责所在，结合实际情况，积极推广林业技术，以求更好地促进林业产业健康持续发展。

一、林业技术推广中存在的问题

（一）林业技术推广体系建设不完善

林业技术推广中，为了确保工作能够顺利实施下去，健全和完善林业技术推广体系是尤为重要的。但是在林业技术推广过程中，很多地区仍然未能建立完善的林业推广体系，促使林业技术推广工作受到严重阻碍，其中最为典型的一个问题就是林业技术推广体系不健全。林业推广体系层级建设不合理，上级部门向下级部门传达人物不及时，严重影响到工作效率，所以导致林业技术推广途径中存在较大的缺陷和不足。

（二）林业技术推广需要的经费不足

林业技术推广工作开展中，需要耗费大量的人力、物力和财力，资金支持力度大小直接影响到林业技术推广工作的顺利开展与否。但是在实际林业技术推广工作中，资金不足的问题尤为严重，间接导致很多问题的出现。诸如，林业技术推广人员的日常办公经费和培训费用不足，薪酬福利待遇偏低，专业素质未能紧跟时代进步和发展，制约林业技术推广工作的有序开展。与此同时，资金的缺乏还会影响到管理工作，在管理基础设施和人才引进方面，影响到林业技术管理效果，不利于林业技术推广工作开展。

（三）林业技术推广人员专业素质偏低

林业技术推广人员专业素质偏低问题尤为严重，也是由于缺少足够的资金支持定期进行培训，严重影响到林业技术推广效果。首先，在林业技术推广过程中，人员自身专业技术掌握不扎实，难以更加全面地将林业政策和技术进行有效传达；其次，林业技术推广人员工作经验不足，缺少足够的推广意识，无法将林业技术更好的传递；最后，林业技术推广功过人员责任心不强，在实际工作开展中敷衍了事，不能认真对待，影响到林业技术推广成效。

（四）农民整体素质比较低

林业推广技术的含量比较高，没有一定的文化、科技水平，无法有效进行技术推广。推广林业技术，一方面需要科技、文化作为支撑，另一方面还需要广大农民群众的大力支持。在林业生产过程中，只有全面认识到科技的力量与作用，才能让农民积极采用新技术，积极探讨新技术应用过程中的问题。现阶段，从我国农民的整体素质水平来看，综合素质普遍比较低，这在很大程度上阻碍科技的推广与应用。

（五）林业技术推广缺乏配套服务措施

随着我国科学技术的发展，林业科技研究也取得了一定成果。科学研究是进行技术推广的基础，更重要的是如何将科技推广开来，更好地服务于林业发展。现阶段，我国林业技术推广体系不健全，缺乏专门负责的机构，配套体系的不健全，使得很多新技术、新科技得不到广泛推广，缺乏完善的推广体系。另外，在新技术、新科技使用过程中，缺乏专门的指导人员，出现问题不知向谁请教。林业技术推广服务不到位，严重制约着林业技术的推广。

（六）强制性推广无法调动农民积极性

部分地区进行科技推广时，选择强制性方式进行。但是，由于广大农民对新技术的不了解，单方面强制性措施的推广，很难让广大农民群众满意。即使林业技术得到了推广，也无法真正调动人们的生产积极性，农民是进行林业生产的主体，如果无法调动其积极性，就很难在技术推广中获得效益。

二、林业技术推广工作的应对措施

（一）全面提高人们对林业技术推广重要性的认识

全面提高社会各界对林业技术推广重要性的认识。从政府机构、乡镇部门到广大农民都要充分认识到林业技术推广的好处。只有提高了思想认识，取得认识水平的一致性，才能真正推动林业科技的开展。提高对林业科技推广的认识，必须落实到行动上，针对不同乡镇的实际情况，展开针对性推广活动。制订合理的推广方案与推广计划，并加强与其他部门之间的合作，真正在技术推广中解决遇到的实际问题，进一步提高人们采用新科技的积极性。加强宣传与培训力度，全面提高农民综合素质与认识水平，从而更全面地掌握新科技，真正从林业生产中获得经济效益。

（二）明确林业技术推广机构的职责

明确林业技术推广机构的职责，通常情况下，其负责推广林业科学技术、贯彻林业标准实施、预防重大动植物病疫、信息服务、环境监测以及学习培训等多个方面。除了公众性质的职责之外，还需要切实提高其服务职能。必须加强农技站、水利站以及林业站的合作力度，并进一步确定管理职能以及工作责任。为技术推广人员提供安定的工作环境与工作条件，使他们能够全身心地投入到林业技术推广工作中来，进一步提高推广工作效率。与此同时，加强对技术人员的培训工作，及时向技术人员普及新技术、新知识，也要做好技术人员和林区农民的知识对接。另外，加强与当地林业院校以及对口专业之间的密切联系，做好对口技术支持。

（三）健全和完善林业技术推广制度

在林业发展过程中，科学技术水平不断进步和发展，相配套的林业制度也需要不断完善和创新，只有这样才能促使林业技术推广工作有序开展。林业制度创新的目的在于紧跟时代发展需要，促使政府行政管理工作更加丰富，能够更加积极主动的将林业技术推广工作同市场接轨，实现科学技术创新，不断拓宽林业技术推广渠道，实现更大范围的技术推广。此外，政府部门应该成立一个专门的林业技术推广部门，以此为林业技术推广工作提供足够的资金支持和管理，对于积极接受林业技术推广工作的企业和组织给予相应的政策优惠，从而确保林业技术推广工作能够有序开展。

（四）强化对林业技术推广人队伍建设

我国林业技术推广工作中，由于推广工作人员年龄老化现象日趋严重，很多工作人员由于缺乏足够的培训和考核，自身的专业素质已经无法紧跟时代发展脚步。故此，林业技术推广队伍在建设中，应该结合实际情况吸收优秀的人才引进到林业技术推广队伍中，确保林业技术推广人员队伍年龄年轻化，能够更好地吸收先进技术，提高整体素质，为林业技术推广工作提供保障。

（五）林业技术推广和当地情况相结合

林业技术推广工作开展中，相关部门应该结合当地实际情况开展推广工作，由于很多地区缺少对实际情况的考虑，在推广工作开展中下达了一系列错误指令，造成了林业推广工作不彻底的问题出现。故此，在林业技术推广中相关政府部门应该更加深入的调查和分析，结合当地实际情况制定先关政策和制度，确保林业推广工作有序开展。而对于林业技术推广人员来说，在实际工作开展中应该坚持根据上级部门下达的指令要求开展工作，因地制宜，确保林业产业健康持续发展。

（六）更新工作观念，加大资金投入

目前，林业技术推广工作的有效展开不仅需要一支专业、高素质的团队，同时也需要有一定的资金支持。我国当前的林业技术推广工作在生态林业保护建设事业中具有一定的重要性，但由于传统观念的影响，多数部门对于现代林业技术推广工作仍然不甚重视，现代林业技术推广工作无法顺利展开，所以相关部门的认知依然有待提高，只有这样，才能助力于林业技术的开发和推广，进而实现生态林业建设的自然生态效益。各级林业管理部门应当不断更新林业保护工作的观念，真正地意识到林业技术推广对于现代生态林业建设的重要性，并在现代林业技术推广工作中给予一定的资金支持。相关政府部门可以充分将本地区的林业保护工程纳入到政府年度财政预算中，进而为林业技术开发、推广提供专项资金支持。此外，还要广泛探索林业技术推广渠道，建立多层次、多方面的林业技术推广投入机制，进而保证充足的生态林业建设资金，使我国现代生态林业建设发展得到有效的保障。

林业技术推广工作的开展，有助于优化林业品种和推广人员素质结构，改变传统林业发展模式，实现科学管理，从而推动我国林业产业健康持续发展。

第二节 林业技术创新的发展及对策

创新是社会发展、国家进步的动力源泉，是一个国家在世界民族之林稳定屹立的保障。随着科学技术的快速发展，我国林业建设面临着新的机遇和挑战，林业发展是一项复杂、艰辛且长远的工作，不仅是社会木制产品的基本来源、生态环境建设的重要内容，同时还是促进我国经济发展的重要力量。

改革开放初期，我国高度重视经济建设，忽略了对环境的保护，导致生态环境遭受了极大的破坏。如今，我国在发展经济的同时，非常重视生态环境问题，大力发展生态经济已经成为我国现代化经济持续发展的保障。林业在国民经济中发挥的作用不可小视，而现代林业的发展离不开林业技术的创新。纵观世界林业产业的发展，各国都极为重视林业技术的科研与创新，将技术创新作为林业发展的主要推动力，因此，对林业技术的创新成为我国现阶段林业发展的重要研究内容。

一、林业技术创新的概念

创新是指以现有的知识和物质，在特定的环境中，改进或创造新的事物（包括但不限于各种方法、元素、路径、环境等等），并能获得一定有益效果的行为。技术创新是指生产技术的创新，包括开发新技术，或者将已有的技术进行应用创新。技术创新是艰巨且系统的工程，需要经过一定时期的发展过程，其中包含各个层面的发展，例如新技艺、新产品从技术性研发，到现实生产力的转化，直至最后投放市场，被具体使用。科学是技术之源，技术是产业之源，技术创新建立在科学道理的发现基础之上，而产业创新主要建立在技术创新基础之上。依此，林业技术创新就是要实现林业科研成果产业化、商品化，并体现出规模效益，林业的建设要实现公益性、社会性和生态环境的全面发展，因此林业技术的创新必须要保护和培育森林资源，实现环境的生态保护，保证国土安全，推进社会经济的可持续发展。

二、林业技术创新的重要意义

（一）培育新品种，促进产业结构优化

长期以来，在传统观念的影响下，我国林业种植的林木品种单一，同时种植规模大。林业工作者在实际生产过程中由于不重视林业技术创新工作，遇到了很多问题，对现代林业的发展产生了不利影响。所以，在现代林业的发展过程中，林业人员要做好外来品种的引进工作，不断优化产业结构，积极开展林业技术创新工作，从而满足不同人群的不同需求。

（二）缩减生产成本，提升产出投入比

对于我国现阶段的林业发展来说，林业产业的投入成本较高。由于林木面积大，无论是林木的种植，还是林木的维护，都需要大量的人力资源和物力资源，而且林业资源的回收周期较长，期间还可能会遭遇许多难以预测的因素。如地震、台风等自然灾害，给林业经济带来不利影响，造成林业的产出投入比较低，不利于我国林业的发展。因此，林业工作者一定要进行林业技术创新，利用先进的林业技术加快林木的生长速度，提高林木抵御病虫害的能力，增加产出投入比，推进我国现代林业的持续、健康发展。

（三）调整从业人员结构，减少人力浪费

我国林业面积相对较大，在开展林业管理工作时，通常需要投入大量的人力资源来保证林业的健康发展。在传统的林业管理模式下，林业管理人员的工作内容基本相同，且工作难度不大，人力资源浪费的情况非常明显；除此之外，很多的林业管理者并不具备专业的知识与技能，多以经验来指导工作，加上对现代社会的了解不够，缺乏完整的管理体系，

导致现代林业发展缓慢。所以，为了加快林业经济的发展，林业技术创新是非常必要的。通过林业技术创新，可以研发出具备管理功能的全自动化设备，解决人力资源浪费的问题。同时还要重视新型人才的引进工作，不断为林业的发展注入全新的血液，促进林业经济效益的提升。

（四）提升环境效益，实现可持续发展

创新林业技术可以促进林业经济的快速发展，为企业创造巨大的经济价值，同时还可以实现改善与保护生态环境的目的。我国已经研发出来的防治荒漠化的技术、湿地生态系统技术等，都可以有效地保持生态环境的稳定性，防止土壤结构发生改变。新技术的应用，帮助人们在开发林业的过程中，不会破坏生态环境，两者之间互相促进，互利互惠，最终实现可持续发展。

三、林业技术创新工作的现状

（一）林业技术创新过程中管理意识薄弱

虽然我国长久以来都存在着以保护森林为主的生态发展概念，但缺乏相应的理论指导和完善的林业技术管理制度。目前，我国的林业发展重心已经从传统的木材加工生产转变为以生态建设为主，强调人与自然的互惠互利。产业结构的调整会带来林业技术的更新换代，也会带来技术管理制度上的转变。但就目前的情况来看，我国的林业技术转变与发展受到各方面条件的制约，无法紧跟现代林业发展的脚步。在技术管理上，相关部门没有落实到具体的管理职责，缺乏科学的监管措施，部门领导对林业技术的不重视和关注程度不够，这些都制约了林业技术的创新。

（二）对林业技术重视度较低，缺乏发展条件

随着我国国民经济的不断增长，中国林业的发展在国民经济乃至世界经济范围内都具有了重要地位。但是，科技的进步虽然带动了林业的发展需求，但依旧有地区存在相关领导不重视林业技术、林业技术人员专业水平较低、缺乏技术研究能力与创新能力的问题。此外，林农也缺少相应的技术指导，发展林业依旧依靠传统的人工种植，严重制约了该地区的林业发展效率。

（三）缺少相应的技术理论支撑和资金投入

现如今，我国的林业发展依旧呈现出不平衡问题，经济发展的差异性也连带影响了不同地区的技术信息接收和处理能力。在经济发展相对滞后的地区，林业的发展资金投入和相关技术研发无法落实，林业技术长期得不到有效实践证明与理论认证。林业发展落后地区依旧在实行传统木材加工的生产模式，投入与产出不成正比，回报偏低，使得落后区域

的林业发展阻碍了该地区的经济发展，政策扶持力度也越来越小，造成恶性循环，难以在短时间内得到有效解决。

（四）缺乏创新能力

我国的林业技术在发展过程中长期受困于基础差、底子薄的现状，虽然科技的进步带动着林业的发展，但在这样的发展过程中也养成了技术人员的思维惰性，行业整体缺乏自主创新精神。对于国家要求引进的相关先进技术，往往缺乏理论系统的认识，具体的工作实施过程中，也缺乏依据具体情况进行二次创新与实践的专业工作能力。林业技术研发与创新上存在的这些问题，是阻碍我国林业发展的一大难点。

四、做好林业技术创新工作的有效策略

（一）提高创新认识，增加资金投入

要想做好林业技术创新工作，就要帮助林业工作人员提高自身的创新意识。各地林业单位可以加大宣传力度，通过多样化的方式来宣传技术创新的重要性。还可以创建林业示范园，让林业工作者近距离感受林业创新技术的成果，进而提高创新意识。此外，我国政府要加大对林业的投资力度，提高林业技术创新水平。

（二）优化林业产业结构

很多传统的林木品种已经不能适应现代林业发展的要求，出现了生命力衰减等现象，林业人员要不断培育新型的适合现代林业发展以及市场需求的品种。目前，我国林区内种植的林木种类还是以传统林木品种为主，这也说明了科技对我国林业并未做出巨大的贡献，现代林业的发展对新品种的林木具有非常大的需求。但是，新型品种的培育需要较高的专业技术，同时也需要林业技术的创新，新的林木品种的及时培育，可以明显提升林木产品的质量，优化林业产业结构。

（三）引领林业市场发展走向

上游产业的发展可以带动下游产业的发展。现代林业通过技术创新，研发出新的品种和技术，可以为市场及社会创造更多高质量的产品，甚至还能提供更多具有特殊性能的产品。一旦产品在投入市场后出现供不应求的现象，大量下游产业产品就会快速涌入市场，促进下游产品的设计更为紧密地结合市场需求，最终达到引领市场发展走向的目的。如果上述过程可以在林业发展实践中顺利进行，那么林业市场的下游产业将得到快速发展，同时促使现代林业迎来大发展。这样不仅避免了林业市场发展的盲目性和滞后性，还有效减少了人力资源、物力资源的浪费，对林业产业的健康、持续发展具有重要的推动作用。

在结合现阶段我国社会发展要求的基础上，转变传统的管理模式，不断创新林业技术，

是促进我国林业现代化发展的保障。林业工作者要结合实际工作中遇到的问题，有针对性地开展林业技术创新工作，解决好林业发展过程中的具体问题。与此同时，政府相关部门要加大林业宣传力度，为林业发展提供充足的资金，积极引进新型专业人才，培育更多新型的林木种类，不断优化产业结构，为我国林业的健康、持续发展提供有力保障。

第三节　林业技术创新对林业发展的影响

　　林业是我国国民经济发展的一个重要环节，林业科技技术的进步与创新促进了现代林业的发展，林业技术创新对我国经济和社会发展起着重要作用。

　　随着经济的不断发展以及人民生活水平的快速提升，我国逐渐进入了重视知识、提倡科技创新的新时代。科学技术是第一生产力，创新是带动科学技术发展的不竭动力。推动林业技术革新是发展国家及民众经济的手段，按照当前形势，林业想要发展，则必须依靠技术革新，才能够不断进步，从而使得国民经济稳步提升。可以说，林业技术的创新和现代林业的发展息息相关，如果没有创新，林业的发展将会停滞不前。

一、林业技术创新与林业发展辩证分析

　　科学技术是第一生产力是马克思主义基本原理，同样是社会生产力发展的基本原则，即通过技术发展带动产业效益增长，以技术应用带动产业结构转型。林业技术和林业发展原本也是同样的辩证关系，但在市场经济、知识经济、信息化经济等多种形式经济形态的影响下，林业的技术与发展之间又有了新的内涵：即促进传统林业技术在新经济形态下的转型，特别是林业技术的信息化、智能化和绿色化研究，既为响应国家政策号召，同时也顺应时代潮流。

　　具体来讲，林业技术与林业发展具有以下辩证关系：

　　（1）林业技术创新为林业发展赋能。林业技术创新为解决林业发展中存在发展难题、监管难题提供了多样化的方案，也为林业生产的集约化和产业化提供了技术平台支撑。

　　（2）林业发展对林业技术提出新要求。在林业发展过程中，市场竞争压力的持续增大和落后的林业生产方式之间的矛盾日益突出，刺激着新技术、新方法的提出和应用。

　　（3）林业技术创新与发展相互促进和融合。技术创新进步与产业发展形成一股合力，不断为创造生态资本和经济资本提供动力。

二、林业技术创新对林业发展影响

（一）为林业发展问题提供解决方案

当前林业生产和发展中主要存在以下几方面问题：①林业发展技术创新力度不足，导致生产水平落后，不具备市场竞争力；②地方政府和政策的倾向力度不够，林业技术研究的经费、场地不足，难以实现技术产业化和普及化；③技术创新所带来的经济效益和生态效益难以平衡，往往只偏向于经济效益，而忽略了林业建设所具备的生态功能，忽视了人民群众对良好生态环境的基本诉求；④传统林业技术与新时代中国特色林业建设脱节，科技体制不符合市场经济规律等。而林业技术创新，特别是在自动化设备推广和智能化浪潮的推动下，在一定程度上能够解决林业发展中存在的部分问题。例如通过技术创新和应用反向刺激政策向林业的倾斜，通过技术的创新发展协调林业发展经济效益与生态效益之间的关系，特别是发展与林业生态化相关的"绿色技术"和"生态技术"，把握生态建设在林业发展中的主线地位，通过技术多元化应用促进农林产业发展的地区专业化和特色化，促进行业发展。

（二）为实现林业可持续发展提供技术支持

森林、湿地等林地的修复与保护直接关系到人民群众生活质量，但近年来经济社会对林业资源的巨量需求导致了一系列乱开乱采现象，打破了林业资源平衡，导致水土流失、沙漠化、沙尘暴等灾害的发生，不仅使得当地生态系统遭到了严重的破坏，还影响着当地人民的生产和生活。随着可持续发展理念在林业建设中的不断渗透，人们开始重视在林业发展中贯彻生态文明建设理念，并以此为依托建设生态农村、打造生态产业链，这同时也是林业技术创新的契机。

林业技术创新应用，诸如自动化生产管理系统、全方位监控系统、电商平台、物流平台等在林业建设中的普及为当地增添了新的经济活力，也为完整生态链条的形成奠定了技术基础，例如，基于监控技术的管理系统、基于导航定位的林业资源配送系统、基于互联网技术的市场化平台等，都为林业资源的发展配置提供专业支持。

（三）有利于加快产业结构调整和供给侧结构性改革

供给侧结构性改革为林业发展创造原生动力，而技术创新则是改革的助燃剂，同时，在以技术创新为依托的结构性改革过程中，有助于加快传统农林业在新时代背景和技术背景下的结构调整和行业转型。对于农林行业讲，扩大林业资源向产品供给侧的转化、提升农林产品质量、完善产业链条、提升地区经济水平和人民生活水平等是供给侧结构性改革的主要目标。首先，要扩大林业资源的有效供给量，发挥人工林在市场竞争中的主导地位，立足于区位优势和资源优势，推进旅游、养老、文化等多元素乡村建设，形成区域定制的发展特色。其次，做好改革"减法"，区域性林业产能过剩、发展战略与区域经济发展水平不符等问题较突出，所以要想法设法化解产能、去产能，避免重复性工程、项目的投资与建设，加快淘汰不符合可持续理念的产品、设备、企业，避免区域同质型企业竞争，变无效为有效。

（四）有利于促进林业发展与经济社会建设的协调性

我国林业技术创新和成果转化力度弱，难以发挥技术即是生产力作用，但这也是当前农林业结构调整阶段能够被充分挖掘的潜力所在。各地区要充分挖掘具有当地特色、能够发挥品牌效应的林业项目，拓展不同树种的产业体系，通过不同地区的品牌特色形成区域性品牌链条，开发植物资源、动物资源、景观资源等，建设生态林业基地。

技术创新，推动传统林业经营体制、管理体制和金融体制的改革，在社会发展过程中破除了土地制度性障碍，有助于优化当地种植结构，发展不同类型的绿色产业。还要不断优化市场环境，简政放权，充分发挥市场在林业资源配置中的决定性作用和技术在推动林业发展中的关键性作用，为其与经济社会的协调发展做出贡献。

（五）减少人力浪费

林业是规模化产业，林业企业所经营的面积一般都较大，因此，林业工人劳动强度大、工作重复性高。但是，通过技术创新，提高各种精密仪器的应用，可大大降低各种重复性的劳动，减少人工的浪费。另外，林业从业人员一般文化水平不高，凭借多年的经验积累来从事林业相关工作。但是要提高林业技术的创新性，势必要引进一些高层次的人才，他们在利用其专业的技术水平促进林业技术创新的同时，还可以带动其他人学习相关知识，提高林业从业人员的整体业务水平，改善林业从业人员的结构。

（六）引领市场走向

下游产业的发展，对于上游产业具有较强的依赖性。因此，通过技术创新，开发新品种，不断提供具有特殊性能特点或者高质量水平的产品，当这些具备特殊性能或者高质量水平的产品供应不足时，将会引起下游的蜂拥而至，从而设计出合适的产品来适应原料，达到引领市场发展的目的。如果这一过程持续进行，将会带动林业的下游产业跟随前行，一方面带动整个林业行业发展，同时也避免了林业市场受市场盲目性与滞后性带来的危害，在一定的情况下避免人力、物力、财力的浪费，赢得发展主动权，有助于林业物价的稳定和林业大环境的良性发展。

综上所述，随着我国生态文明体制改革的深入推进，传统林业生产和发展方式与现代经济社会可持续之间的矛盾逐渐显现。自动化、信息化时代背景下，林业技术的创新与应用是加快林业经济效益增长和社会形象树立的关键途径，为此必须结合地域特色推广林业技术成果，促进我国林业产业化和规模化发展。

三、林业技术创新在现代林业发展中的策略研究

（一）逐渐完善我国林业技术创新体制

首先，提高对林业技术创新工作的重视程度，进而加大在该领域的资金使用数额，与此同时，政府林业单位的资金使用情况与企业之间的资金使用情况进行有效融合，从而有效避免由于林业技术创新环节资金不足所导致的后续问题。其次，林业相关部门必须颁布降低税务的方针政策，因为我国林业发展的实质是确保生态环境与社会环境的共同发展，所以通过减少林业发展的相关税务，能够为林业技术创新工作带来便利，该环节也是完善我国林业技术创新体制的重要途径。我国林业领域的发展还处于起步阶段，必须全面贯彻以科学技术为主导的发展理念，可以通过开展有关林业技术创新沟通活动来加以实现。政府需要规范与林业相关的企业的行为准则，并要求其遵守国家制定的法律条规，只有这样，政府才能发挥引导企业技术创新发展的作用，使企业的先进技术与林业领域有效结合，进而推动林业的发展速度。

（二）林业科技创新需要加大对人才的培养的重视

林业科技创新离不开专业人才的支持，所以林业科技创新需要培养更多高知识、高素质、高技术的人才，为林业科技创打下良好基础。林业人才培养计划中的重要组成部分就是素质教育，这是实现人才培养的主要途径。当前我国素质教育已经取得了一定的成果，但在课程结构上还有许多地方需要根据实际情况进一步调整完善，高素质、高技术人才为林业科技创新发展提供了保障。

（三）多方面拓展资金来源，加大对林业技术支持。

资金为技术创新提供了基础，只有持续的资金投入，林业技术才能得到持续发展，因此需要拓宽资金渠道，除了政府的资金投入之外，林业部门也可以采取如贷款、风险投资等方式拓宽资金来源，解决实际需要解决的资金短缺的问题。此外，政府在技术创新方面也应该体现出其带头导向作用，针对林业企业给予更多的政策扶持与帮助，这不仅可以提高林业技术创新的积极性，也能更好地促进林业的发展。

我国林业技术创新工作涉及诸多知识领域，政府以及相关林业部门制定的方针政策不但要保证林业企业具有充足的资金，还要使林业技术创新工作始终处于完善的体制当中，只有这样才能有效解决林业技术创新工作的问题，实现林业技术创新和市场经济的完美结合。

第四节　林业技术中的造林技术分析

随着时代的发展，森林的覆盖面积逐渐减少，虽然我国经济不断得到发展，但是随之而出的就是植物被大量破坏。因为过度砍伐和病虫害的危害，导致森林的树木不断枯萎，森林的面积不断减少，无法有效实现农业的可持续发展。良好的林业技术可以增大森林的覆盖率，因此需要对造林技术引起足够的重视，不断增强林业技术水平。

一、林业造林的意义

（一）缓解风沙污染，预防水土流失

环保问题一直是我国重视的首要问题，水土流失与土壤沙化更是我国关注的重要问题，水土流失加剧会使土壤环境进一步恶化，影响我国的农业化发展进程，降低农产品的产量，给农民造成较大的经济损失，水土流失还会给居民造成十分严重的影响，破坏人民的居住环境，引发泥石流、洪涝灾害等问题，对人民的生命财产安全形成威胁。林业造林可以起到阻挡风沙、提高土壤质量、减少泥沙流出的作用，为耕地提供保护墙，增加山坡等地的稳定度，在一定程度上还可以缓解因强降水带给土壤的影响，从而起到保护水土的作用。林业造林还可以改善当前被人们或其他因素污染了的土壤，这是因为绿色植被可以净化空气、净化土壤，缓解水土流失与土壤沙化的问题。

（二）增加空气湿度、净化空气

众所周知，人们通常会有在屋子里摆放绿色植物的习惯，这是因为绿色植物具有净化空气的功能，林业造林的主要作用正在于此，植物还拥有积聚水分的作用，这是因为植物的生长需要水分的滋养，因此，林业造林还具有增加空气湿度的功能。据相关数据可知，一棵树每年可以净化一辆汽车行驶 16 千米排放的尾气，这也是在道路两旁增加绿色植被的原因之一。林业造林，尤其是梧桐、银杏、柳杉等植物对空气的净化效果更为明显，增加空气湿度可以缓解土壤沙化的问题，对土壤进行改善，在一定程度上还可以促进农业的发展，增加农民的收益。

（三）减少噪音污染

在经济高速发展的现代化社会，人民的生活水平日益提高，经济质量不断增强，我国的车辆也开始多了起来，交通阻塞问题越来越严重，此外，现代化工业技术的提高，工厂、公司、建筑行业对机器的依赖程度越来越高。在此种环境下，就出现了噪音的污染问题，施工工地机器运作的声音、车辆行驶、鸣笛的声音给人们带来了各种各样的问题，严重威胁到人

类的身心健康，严重的噪音污染还有可能导致人们听力丧失。林业造林可以有效地缓解这一问题，最大限度地减少噪音污染，为人们建立起一道保护墙，减少空气中的漂浮物和尘埃，一定宽度的树林可以为人们降低至少六倍的噪音，为人们提供安全保障。

二、造林技术的重要作用和意义

在经济和科技不断发展的同时，林业生态环境也应该得到重视和保护。想要进一步提高林业技术，就需要对造林技术进行完善和创新，进一步保障生态环境。将造林技术与林业发展视为同等重要，不断提高造林技术，结合当地实际情况制定相应的造林技术，拓宽森林规模，保证林业的可持续发展能力。同时通过进行造林技术能够提高林业的发展，从而提高林业的社会影响力。当地政府需要对造林技术进行资金支持，保证造林技术工作的顺利进行，从而提高林业的生态环境，实现林业技术的可持续发展。

三、林业技术中的造林技术要点

（一）严格把控树木类型

选择合适的树木类型是进行造林技术的必要前提条件，优质的树木类型的抗冻性和抗耐性都比较好，从而才能最大限度上保证树木的存活率，增加树木的总量。因此，在进行树木选择时，需要严格保证成活率，这样才能从根本上保证树木的总产量，从而充分体现造林技术的作用，因为一些不利的环境条件可能对一些树木产生不良影响，可能严重阻碍幼苗的健康成长，甚至使幼苗死亡，这将大大降低树木的存活率，不能达到造林的效果。

（二）严格控制树木的生长环境

严格控制树木的生长环境是造林技术的重要基础，温度和光照对树木的健康成长起着重要的影响作用。适宜的温度可以充分保证树木正常生长。同时可以进行人工控制温度，人工制造适合树木在休眠期后所必需的温度条件，使用物理方法帮助树木进行健康生长。良好的透光条件能够为树木提供生长所需要的光照条件，满足树木吸收足够的阳光，保证树木进行光合作用，并且合适的湿度条件能够为树木提供生命所需要的养分，营造一个适合树木生长的湿度环境，从而体现造林技术的效果。

（三）严格观察和调控树木的生长时期

在进行造林时，需要严格观察和调控树木的生长时期，树木在进行生长时，每个生长时期都很重要。可以对树木的根部和上部进行观察，然后通过观察结果对树木进行人工调控，充分保证树木的每一个部位以及每一个时期都能够吸收足够的养分和营养，确保树木每个时期都能健康成长，从而保障树木存活产量。并且随着经济和科技的不断发展和进步，国家对于生态环境建设更加重视，需要不断增强造林，进一步确保林业生态环境，提高森林的覆盖率，保护环境。

四、提高植物保护的相关措施

（一）创新造林技术人员的思维，提高造林技术

想要进一步提高造林技术，确保林业的可持续发展需要不断创新造林技术人员的思维，努力提高工作能力。先进的创新思维能够及时有效地适应时代的进步和发展，从而有效保证造林工作的质量和效率，从而充分地体现造林技术的作用。因此，林业技术中心应该采取积极有效的措施来及时调整造林技术人员思想方面的缺陷和不足，让造林人员的思想都能够与时俱进，跟着时代的进步而发展。创新工作方法，保证造林工作的高速进行，促进林业的和谐稳定发展。目前，随着时代的发展，造林技术也需要跟着时代的进步进行更新和创新，当然相关造林技术人员应该勇于打破原有观念思想的束缚，积极思考新的造林技术，需要深刻的了解和掌握造林技术对于林业技术发展的重要影响。

（二）增强造林技术人员的专业能力和综合素质

高度重视造林技术对林业技术发展的重要性，进一步完善相关造林技术体系，增强造林人员的专业知识和综合素质，有效地进行造林，增大树木的覆盖率，提高林业技术的社会影响力。同时在完善相关造林技术体系之后，需要进行大力宣传，实际全面地落实，理论结合实际，并且建立奖惩机制，对表现优秀的造林技术人员进行及时的奖励和提拔，调动人员的工作热情。同时对工作态度不端正的人员也要进行惩罚，营造积极向上的工作氛围，从而有效保证造林技术的实际落实。对相关人员进行定时的培训和学习，进一步加强造林技术人员的专业能力和综合素质。同时注重新鲜血液的引入，建立一支专业能力强、综合素质高的造林技术队伍，从而实现林业的可持续发展。

（三）对病虫害进行监管

在树木的生长过程中，常常会产生病虫害所带来的一些问题，这样直接导致树木无法顺利生长，无法体现造林技术的优越性。因此，在进行造林过程中要充分避免出现害虫的情况，可以采用打农药的形式进行预防，尽可能的消灭病虫害给树木所带来的不良影响。例如，通过物理方法和生物方法对病虫害进行捕杀消灭，同时还需要对生病的树木进行医治，充分保证树木能够进行正常生长，确保林业的稳定发展，从而有效保证林业生态环境建设。

总而言之，造林技术在农业技术中越来越受到关注，对于造林技术的要求也日渐增大，这样能够有效提升树木的存活率，拓宽森林的覆盖面积，保障生态环境。因此提高造林技术是迫在眉睫，是实现林业技术高效率高质量发展的必经之路。

第五节　造林绿化后的林业技术工作

创造绿色的生态环境成为现在可持续发展的一个重要目标，绿化造林不但能够净化空气、美化环境、预防水土流失、还能够给人们提供就业的机会，在植树造林的绿化后的林业工作需要如何开展也成了人们关注的问题。

绿色植物能够净化空气，它可以释放出氧气，因此，对环境的绿化首先要从植树造林开始，植树造林是实现可持续发展的重要途径，能够给人类提供一个良好的生活环境。所以，植树造林的技术是很重要的，生态环境的平衡发展促使了造林方法的科学性和技术性，特别是要重视造林绿化后的林业技术的考虑，真正实现生态环境与自然环境相协调的可持续发展。

一、造林绿化后的工作

植树造林的绿化工作达到要求并不意味着适合种植的地方都种上了树，就算该种的树都种完了，也不能够保证这些树都能够生长得好，所以，就出现了植树造林的质量问题。另外，植树造林一方面是要美化环境，保持生态环境的平衡，而另一方面是要促进经济的发展，这些都是在造林绿化后要考虑到的林业工作问题。怎样能够在适合种植的地方种好树，或是种植花草等都是绿化之后的收尾的林业工作，而且这项工作得需要几年的时间才能够做完。所以，在造林绿化之后，还要继续培育幼苗，对造林的林地进行有效的管理，在林业方面的工作要比造林绿化时的工作更加繁重，并且标准也提高了。从森林建设的工作角度来看，植树造林仅仅是这个工作的基础工作，因此，要打好基础，林业工作才能够进一步地发展，实现既能够保持生态环境的平衡，还能够管理好森林从中获得经济效益。

二、改造残次林和树苗

在日常生活中的很多用具的原材料都来源于树木，因此森林的树林的质量是人们非常重视的。那作为原材料的树木来讲，要想保证它的质量，就要做2方面的工作：①对质量较差的林木进行改造；②调整树种的结构。对质量较差的残次林进行改造的时候，要遵循自然规律，以保护原生态的树林为原则，并加强对它的管理，在树林的空地进行补种，从而生长成质量好的森林，这样的林业技术工作是总结了过去的工作经验得来的。但是商品的林业标准是很高的，尤其是对木材的质量要求，所以，对树苗的生长管理技术必须要提高，比如，对树木的施肥、浇水、优胜劣汰等林业技术工作的水平都要不断地提高。将质量不好的残次林全部砍伐掉这种方式虽然比较简单，但是，这样违反了自然规律，打破了生态平衡，并且还浪费了投资树苗的成本。

而树种的结构的改变是在植树造林绿化之后，会有一些树苗生长的不够理想，就会导致了树林老化的现象，或者是树苗的品种比较缺乏，树苗遭到病虫的侵害，对这些情况要有针对性地对其进行调整，增添树苗的种类，或者是种植别的种类的树苗，实现树林的完整的结构，合理地对其进行配置。我国的经济林现在的主要工作就是增强树林的种植面积的产量，实施的方式主要是对树木进行防虫、施肥、除杂等，并且要拓宽种植的林业面积。

三、对森林进行科学的管理

对森林进行科学的管理就是要遵循树木的生长的自然规律，合理地利用人为的科技方式来对树木的生长进行引导，使其朝着人们预想的方向进行生长。树木的生长发展是会受到自然环境、树苗的本身特征与管理各种因素的影响，比如，环境的影响因素，固定的生长环境的质量对树木的生长和发展有着非常重要的影响。林地的土壤质量、土层的深度等一些影响因素都会对树木的生长和发展有着重要的影响。通常来说，生长的自然环境越好，对树木的管理的方式和范围就越广泛，这些都是影响森林生长质量的主要因素，还有一些其他的次要因素，如气候条件、有害的病虫等因素，还有森林的管理和社会市场的因素。科学地对森林资源进行管理，需要按照林地的地质条件进行科学的规划，制定好森林种植的实施方案，并组织好实施的工作，实现不但能够增强森林的生产力，还能够保护好生态环境，管理好森林结构，树木的生长发展和它的质量。林业的技术的具体工作还有很多，比如，预防病虫、施肥灌溉等。

四、对森林进行合理砍伐

在造林过程中，树木的各个阶段管理方式是截然不同的。其中，合适的时间对树木进行砍伐就是很重要的，能够促进林木更新，也能对养分结构进行调整，保证林区获得较好的经济和生态效益。要对森林进行砍伐，需要确定森林的砍伐的范围，和与其相关的轮伐的区间，确定砍伐范围的顺序，需要使用人为的方式进行，现阶段，我国还刚开始这样的科学砍伐森林的林业技术工作，还需要有很多改进、完善的地方。

五、对森林资源的有效利用

对森林资源的有效的利用是1个长期性的工作。要不断地更新森林资源，更新树木的品质，在砍伐前要做好规划，在利用森林资源的问题还有很多的工作要做，还要进行深入的分析和研究。

六、运用科学技术促进林业发展

主要是对员工宣传科学造林的知识，要实现科学技术知识的普及，要将林业科学变得生活化、社会化，国家提出的关于林业的发展条例，主要是要制定好政策、要根据科学技术、还要进行合理的投资。政府的有关林业方面的管理条例在近几年内都不会做出调整，最主要的还是要依靠科学技术这个庞大的力量，来发展我国的林业技术。现在的林业方面的竞争已经上升到了国际市场的领域，已经不再是物质资源的竞争，而是高科技的竞争，如果在林业方面也应用最新的科学技术，那么就会得到更大的收益，并且也要进行深入的科学研究和探索，尤其是科学技术在林业方面的应用非常具有研究价值，如，树木的优良性的选择、树林枯梢病的治理等。在林业应用科学技术的研究方面，林业部门要舍得投资，要从长远的收益来考虑，将来的收益一定是非常大的。如，松树品种的引用在实验的时候只消耗了几万元，而在林业种植中广泛应用的时候，收益甚至达到几亿元，可见收益是非常巨大的。

造林绿化是造福人类的庞大工程，造森后林业技术工作是非常重要的，一定要多方面考虑，既保护环境，又能保证一定的经济效益。我们应该加大科技投入，以提高中国林产品的市场竞争力量。各级林业主管部门要进一步解放思想、提高认识、周密部署、狠抓落实，着力提高林业科技创新能力，不断开创现代林业发展新局面。

第六节　林业技术创新与成果推广的实践

林业发展规划不仅可以促进我国生态文明建设，而且有利于推动社会经济发展，林业技术对生态保护也有积极的影响。林业建设支撑着我国的经济发展，作为重点发展产业之一相比于其他产业发展较为滞后。为了加速林业建设，提升林业经济水平，就要创新林业技术，推广技术成果，使传统林业向现代化生态林业过渡。不仅可以提高林业资源利用率，而且还有利于促进现代化林业发展。

一、林业技术创新与成果推广中的问题

我国林业结构主要由木材生产、开采和加工等项目组成，初步形成一体化生产流程。由于林业结构较为复杂，在实际生产和技术运用方面难免会出现一些问题，导致发展结构失衡，项目效益发生冲突。林业生产周期相对于其他产业较长，而且容易受到自然因素和经济因素的影响，所以经常暴露出两方面问题。一方面，部分传统林业管理人员没有意识到林业技术创新和成果推广实践的重要性，过于依赖自然条件，这种行为限制了林业技术成果推广，减缓了林业发展的速度。同时在林业经费配置上也有很大问题，应该把大部分林业技术研发经费用于林业生产和实践方面，而不只是科研开发。另一方面，林业科研立项的方式过于单一，如果按照林业当地的政策进行开发和管理，那么会与林业的利益价值观相违背。不能保证林农自身的利益，也就无法实现林业技术推广。简而言之，林业技术当下的主要问题不是技术本身的优良，而是技术的推广率。

二、林业技术创新与成果推广的实践策略

（一）加强科技项目管理

为了实现林业技术与成果的推广，就要从根本问题出发，利用科学的管理手段。首先，应该将设立多种科研项目，根据市场的实际需求，研究技术实践的可行性，将竞争管理制度引入科研管理中，定期对林业科研项目的招标和评估进行审查，降低课题的重复率，以此保证科研项目技术性强、回报率高。同时，为了确保科研技术成果验收与审核的严谨性，可以监控项目研究的全过程，此外，在林业技术保质保量地被研发后，就要投入市场进行检验和应用。为了保证林业技术的顺利推广，当地林业政府可以出台相应政策予以扶持，将更多资源投入到技术推广中。在林业科研队伍中施行奖惩制度，有利于技术成果的快速转化，当科研人员的付出和回报成正比后，林业技术的创新和推广速度就会更快。

其次，为了维护林业科研技术人员和林农的根本利益，当地政府需要将非盈利式的管理办法应用到林业技术推广中，完善林业技术成果推广体系，建设相应运行机构，使林业技术推广机制服务于林农。林农是林业技术创新和成果推广的直接参与者，所以要调动林农参与的积极性，尽量让林业技术迎合大多数人的实际需求，以此促进林业经济发展。

最后，加强林业技术在传播过程中的互动。在建立林业技术推广机制后，应该在当地设置技术示范基地，并派遣林业技术专家到示范点为林农们讲解最新的林业建设技术和方法，对现场林农提出实际操作过程中的问题进行耐心解答，一些农业技术示范户也可以与林农进行交流和沟通，发挥出自身的带头作用。这种形式不仅可以加速林业技术成果的推广速度，而且还能提高林农的经营能力，为其带来更多的经济效益。林业技术的应用还需要不断创新发展，以此满足不同阶段林农的实际需求，实现农业技术创新和成果推广的实践。

（二）强化管理技术应用

林业产业的生产运行极具规模化，为了保证产业的顺利运营，需要对园区进行创新建设，应用全新的管理手段。当地政府可以将规模化的经营方式运用到林业技术推广过程中，以此产生更多的经济效益。一方面，组织合作社承包林业基地，集中购买林业用品，林业产品也需要集中销售，以此减小林业在市场运营中的成本。另一方面，也可以建设一个现代化的林材产业园区，引入大量农业设备，对生产和资源进行集中管理。为了充分发挥出科研人员的作用，将产、学、研三者相结合，运用新技术管理生产线，加速林业建设。这种经营模式使林业技术的推广和市场的经营紧密结合，排除林业生产过程中的实际问题，以此形成一条稳定的产业链。我国近几年高度重视林业技术的创新和成果的推广，很多专业学者也开展了相关会议。例如：2019年5月24日农村中心在北京组织召开了林业资源培育及高效利用技术创新重点专项总体专家组年度工作会，会中专家们分析了林业专项总体

实施情况和林业工作重点，交流了跟踪项目任务执行情况、存在的问题和跟踪管理建议，分析了强化结果导向的科技成果凝练和对接行业产业需求的有效方式。

总而言之，为了实现林业技术创新和成果推广，就要对林木资源进行合理的培育管理和妥善的开发利用。

第三章 林业规划

第一节 林业规划存在的问题及对策

随着我国经济发展能力的不断上升，社会文明的不断进步，我国现有林业在实际规划过程中出现了诸多的问题，引起了人们的热切关注。我国现有林业主要包含经济、社会环境、文明生态等三个方面。国家林业的繁荣发展，不仅预示着生态文明的不断进步，同时还有效促进着经济与社会环境的健康发展。

当前阶段，林业规划作为一项要求技术能力的工作，随着我国现有林业规划理念的不断革新与发展，各式各样全新的技术被应用至林业规划工作中。中国民族地大物博，森林面积更是辽阔，涉及林业的工作项目十分繁杂。随着林业建设工作质量的不断上升，相关工作人员的工作能力也得到了进一步的上升，但是仍然还是在规划过程中出现了一些问题，使得现有林业资源的利用率长期处于低下的状态，严重制约了我国林业的健康发展。

一、当前阶段我国林业规划的实际发展现状

当前阶段，现有林业规划工作，主要肩负着科学合理资源规划，彻查林业资源利用率等多项工作，在林业资源生产发展过程中处于十分关键的作用。特别是林业资源勘测工作，其可以为林业高效管理工作提供较为真实有效的数据支持，进一步地保护了现有林业资源。林业规划工作，不仅是一项需要大量体力的工作，同时又是一个十分耗费脑力的劳动。此工作具备较强的不可预测性，且涉及的工作人员数量比较多，在实际规划过程中，会需要深入到野外进行作业，且作业范围十分广阔。研究结果的整理工作则是林业规划工作最为关键的一个环节，且十分烦琐，最终的规划成果将以资料的形式进行集体展示。

二、当前阶段林业规划中存在的问题

（一）相关工作人员工作认知存在不足

大量的实践结果证实，我国现有林业建设工作需要借助明确精准的发展目标、林业资

源具体管理方案、一整套完整的管理体系及林业后期的发展规划等。在实际林业规划过程中，必须要有一个十分清晰的建设思路，这也就需要借助相关部门的全局监管、检查等工作，对现有森林资源的发展动向深入了解，有效结合先进的管理技术，对林业资源进行集中管制、科学规划、质量监管等。有效改善现有林业生态的基础上，不断促进当地林业事业的经济发展。但是，在实际规划过程中相关部门领导，却并没有完全认知到林业规划工作的价值性及必要性，对于上级部门部署的发展任务处于一种无视的状态。只是在表面上重视此工作，却并没有真正落实到深处，尤其是一些要求专业技术比较强的规划任务，有一部分单位甚至连最基本的资金经费问题都无法及时予以解决，严重导致林业规划工作无法及时完成，最终只能草草了事。

（二）严重缺乏专业技术人才队伍建设

当前阶段，现有林业规划工作作为一项要求技术比较强的工作，对工作人员的技术能力要求比较高。但是从现阶段林业规划工作的实际完成情况来看，现有的林业从业人员的专业素养总体有待于提高，人才框架呈现老龄化的问题。甚至有一部分工作人员并不是专业林业管理专业出身的，专业能力十分薄弱。再加之现有林业规划项目十分繁杂且类型较多，一般情况下都会出现因为赶工作进度，而导致工作质量直线下滑的问题，与此同时，由于从事林业规划工作的工作人员需要长期在野外进行工作，大部分的工作都是依靠大量的加班作业完成的。所以，现阶段林业规划工作的既定目标与实际的完成质量仍然是存在一定差距的。

三、林业规划中问题的具体解决对策

（一）不断强化相关领导的重视意识

在实际解决问题过程中，我们需要及时构架一个专门的规划管理机构，此举不仅对于我国现有林业管理工作具有十分关键的作用，同时还进一步地强化了社会环境文明。为此，相关林业管理部门领导需要及时提高自我对其的重视意识，将林业规划工作看作是一项核心工作为进行监管。若是想要完成好林业规划工作，就必须要及时转换相关领导的工作认知，切实有效的完成好监管与督促的工作职责。还需要积极开展林业资源保护必要性的宣传活动，使相关林业企业内部所有员工都可以意识到规划工作的价值性。通过对工作人员进行及时有效的林业法律法规与相关政治方针的教学，来有效提升企业内部员工对于林业规划工作的重视意识，进而从根本上改善林业规划工作质量。

（二）不断加大监管力度，积极构建林业保护机制

只有不断加大林业规划工作的完成质量，完善相关工作机制，才可以从根本上完成好

林业规划工作。在实际规划过程中，我们需要事先进行构建相关管护体系。通过有效明确林业资源负责人的责任与义务，来充分调动经济社会中社会群众的林业资源保护积极性，进而从跟不上上实现林业资源的管护发展目标。在进行规划过程中，我们还需要充分考虑到林业资源的监管工作，站在全局角度切实分析当前局势，有效落实林业资源管理责任机制，结合科学合理的采伐限额机制，来全面推进林业资源的可持续发展工作。

（三）积极构建专业规划工作人员队伍

相关部门需要及时加大培训力度，不断提升从业人员的专业能力。相关林业管理部门内部管理者与林业规划项目的主要负责人，需要及时学习林业最新知识与技能。首先，侧重展开内部工作人员的思想改造，有效强化内部工作人员的规划工作意识，进而充分调动自我工作积极性，来不断提升自我的林业规划专项能力。对于林业管理领导而言，自我必须要一个长远且具备见底的发展目光，切实有效的监管林业规划工作的进度。除此之外，在进行实际规划过程中，需要事先制定一个精确有效的发展目标，不断优化完善现有管理机制，以相关工作体系为理论支持，积极展开林业规划工作。相关领导需要将林业规划专业人才队伍建设看作是一项重要工作，及时构建一整套完整可行的学习课程，严格把控工作人员的学习进度，只有这样，才可以使从业人员不断提升自我工作能力及素养。

综上所述，当前阶段我国林业规划过程中仍然有许多问题没有得到及时解决，为此，我们需要站在全局的角度进行管控，充分调动相关因素，以更加饱满的情绪参与到规划工作中，牢牢掌握发展时机，积极发展林业事业，进而从根本上促进林业事业的迅猛发展。

第二节 乡镇林业规划设计与造林技术探讨

随着当前社会经济建设的不断发展，人类社会工业化程度也在逐渐加深。工业化的发展除了促进科学技术的提升以外，还带来了较为严重的环境污染问题，包括雾霾、水土流失、臭氧层空洞、沙漠化现象等。目前，生态自然环境的保护已经成为各个国家和地区的首要问题之一。在我国，解决环境污染问题是建设可持续发展社会的保障。而要想改善目前的自然生态环境，林业的发展与规划是十分重要的，特别是乡镇林业生态的建设。森林对于生态环境的保护来说，不仅能够起到含蓄水源、保持水土以及净化空气的作用，同时森林本身就是一个天然的动植物资源宝库，对于我国生态资源的保护有着极为重要的作用。除此之外，森林资源的有效利用能够开辟新的旅游路线，带给国民更加健康的生活方式，提高国民的生活质量。而乡镇所处地与林区距离较近，对林区的管理以及生态环境保护有着直接的作用。因此，加强乡镇林业的管理以及规划工作，进一步推广造林技术，才能帮助乡镇林业更好的发展，从而实现林区生态效益的同时也为当地经济水平的增长做出贡献。

一、当前我国乡镇林业建设工作中存在的问题

随着我国社会经济建设的不断发展，我国城市化进程也在逐渐加快。当前，城市的规模在不断地扩大，而城市的绿化面积却越来越少，城市环境问题也越来越严重。在这样的情况下，要想更好的保护我国的生态自然环境，实现可持续发展社会的建设，就必须加强乡镇林业的建设工作。目前，我国政府相关部门已经推出一系列相关政策和措施，希望以此推动我国乡镇林业规划设计工作，并且让更多新型造林技术以及管理理念应用到林业建设当中，从而有效促进乡镇林业的发展，以此带动城市生态自然环境的改善。不过，目前我国乡镇林业规划设计工作仍然停留在较为初级的阶段，还在不断地探索当中，同时相关政策并没有清晰明确地对乡镇林业发展工作进行监督管理，并且指导各项工作的开展，这样一来就会对乡镇林业发展造成阻碍，从而影响乡镇林业的发展以及新型造林技术的应用。

二、乡镇林业规划设计工作的开展

（一）挑选合适的造林地点

在乡镇林业建设工作中，挑选合适的造林地点非常重要。这是因为优越的地理环境对于树苗的生长以及动物的生存有着重要的作用。除此之外，林区的发展必然会对周围的生态环境以及人类活动造成影响。从这两点出发，笔者认为进行乡镇林业规划设计工作时，就需要注重以下3个方面的工作。首先，要挑选适宜森林动植物生长的区域，确保土壤的肥沃程度；其次，造林的地点最好与居民生活区有一定的距离，避免对乡镇居民的日常生活造成影响；最后，在挑选造林地点的时候，还需要充分考虑到研究问题，这样才能更好地监控乡镇造林状况，为乡镇林业的发展做出贡献。

（二）挑选合适的树种

对于乡镇林业的规划设计工作来说，挑选合适的树种也是十分重要的。树种的挑选一定要充分考虑到当地的实际情况，对树种的生长特性以及优势进行详细的考虑，最后还需要考虑到当地乡镇造林的条件与影响因素。同时，需要注意的是，在树种挑选的时候，负责林业规划设计的人员一定要对当地生态建设的情况进行详细的了解，不断优化当地林区的生态结构，这样才能促进乡镇林业更好的发展。

三、乡镇林业造林技术的推广与应用

对于我国的社会发展建设来说，林业的发展不仅可以为社会的发展建设，人类的生活与经济活动提供丰富的资源，同时森林本身所具有的保持水土以及含蓄水源的作用，也能够进一步改善自然生态环境，为国民创造更加良好的生活空间。因此，在这样的情况下，乡镇必

须要进一步加强林业的规划设计工作以及新型造林技术的推广和应用，这样才能促进当地林业更好的发展，达成共同实现生态效益与经济效益的目标。从目前我国林业的发展情况来看，乡镇林业的发展与其他地区有着较为明显的优势，然而，从当前我国乡镇林业建设情况来看，其成效却并不明显。之所以会出现这样的情况除了是因为政府对林业建设工作缺乏重视以外，同时也因为造林技术得不到有效的利用。在这样的情况下，笔者认为必须要进一步加强造林技术在乡镇林业建设中的作用，才能更有效想促进乡镇林业的发展。

（一）合理利用造林技术

相比其他技术而言，造林技术本身具备一定的特殊性，直接关系到林业发展的成败，因此，在林业设计规划工作当中，一定要合理利用造林技术。要做到这一点，就需要工作人员在应用造林技术时，从实际的情况出发，充分考虑到当地环境因素对林区建设的影响，包括气候因素、地理因素和地质因素等，根据当地实际的土壤状况以及市场中实际的需求来进行树种的种植。除此之外，在造林技术的挑选中，还需要配合林业规划设计工作的理念以及计划。这样做的优势在于不仅可以体现出林业规划设计的指导作用，同时也能够将造林技术更好的应用在造林工作当中，为乡镇林业的发展做出贡献。

（二）坚持适地适树

在乡镇林业的建设当中，适地适树是一项非常重要的技术。该技术的应用需要工作人员注意在进行乡镇林业规划设计工作中，要坚持因地制宜的原则，根据当地的实际情况来挑选合适的树种。因为不同树种，对环境的适应性也有所不同。除此之外，在进行林木种植过程中，还需要充分考虑到当地的土壤、光照以及污染情况，从而更好地进行树种的挑选。譬如说，阳光较为充足的地区就可以种植桃树和李树，这样符合桃树李树的生长习性，而在整个林区系统当中，则较为适合种植在林区的边缘地区，而银杏、松树等，生长过程中最怕涝灾，因此就需要种植在高地势的山坡地区。

（三）表现树种的多样性

在乡镇林业建设当中，应注重森林物种的多样性。因此，在进行林业规划设计工作当中，一定要采取不同的树种进行搭配。同时，还需要考虑林区中动植物以及微生物之间的关系，平衡不同物种之间的生态关系，稳定整个林区的生态系统。需要注意的是，在林业规划设计的初期工作当中，必然会出现树种选择较为单一性的情况。而从整个林业发展情况来看，多样性的生态结构是林区发展的趋势和方向。因此，在之后的林业规划设计中就需要丰富林区的生态结构，才能保障当地林业更好的发展。

（四）形成复层化结构

单一的林区结构不仅会对林区的经济效益和生态效益造成影响，同时也会影响到树种的抗病虫害能力，对树种的健康生长造成阻碍。因此，在造林技术的应用过程中，必须要确保复层化结构的形成。当然，复层化结构也需要保障自然条件的一致性，这样才能让森林树种更好的生长。除此之外，在森林的苗木管理工作中，还应注重培育和检测工作。对于苗木的病虫害情况以及生长情况进行严密的监控和管理，确保苗木的健康以及苗木的正常生长。这样才能及时发现林区中村庄的问题，采取有效的措施来加强林区的管理工作，更好的保障林区中动植物资源的可持续发展，加强资源的利用率，在保障林区生态效益的情况下也能够促进林区经济效益的增长，为乡镇地区林业的发展做出贡献。

乡镇林业的发展对于我国林业的发展以及保护我国生态自然环境有着极为重要的作用。在乡镇林业的建设当中，规划设计工作以及造林技术的应用是十分重要的。只有这样才能确保乡镇林业更好的发展，同时提高林业资源的利用率，为林区经济效益和生态效益的共同增长提供帮助。而在这个过程当中，就需要挑选合适的造林地点、挑选合适的树种、合理利用造林技术、坚持适地适树、表现树种的多样性以及在林区中形成复层化结构，这样才能确保林业更好的发展。

第三节　林业规划编制实践与要点

规划是政府履行宏观调控、经济调节和公共服务职责的重要依据。孙中山早在1919年就撰写了《建国方略》，对中国的发展进行了远景规划。1979年，邓小平南巡后，明确提出了我国改革开放的总设想、总规划。2015年3月两会召开期间，习近平在与代表委员共商国事时说："我正在集中思考'十三·五'规划"。《国务院关于投资体制改革的决定》（国发［2004］20号）明确，按照规定程序批准的发展建设规划是政府投资决策的重要依据。规划的作用与意义由此可见一斑。林业经营周期长的特征，决定了规划对其具有非同凡响的意义。国家林业局每隔一段时期，就要从战略的角度出发，编制各种大尺度的宏观规划。从省级层面看，一方面要做好与国家规划的衔接，编制具有地域特色的规划；另一方面，要根据本省发展需要，编制各种专业性更强的规划。设区的市、县（市、区），甚至乡（镇、国有林场）情况与此类似。各类符合地方实际的规划对林业发展的作用是不言而喻的。为了科学合理地编制好林业规划，有效指导林业生产实践，特别结合工作实际，对编制规划的重点环节、要点进行论述与探讨。

一、林业规划的定义

规划一词在辞海的注解是打算。它指个人或组织制定的比较全面长远的发展计划，是对未来战略性、整体性、基本性及重要性问题的思考和考虑，是设计未来整体行动的方案，也是融合多学科、多技术、多要素的某一特定领域的发展愿景。林业规划是指对土地以林业为目的的中长期生产力布局。具体而言，林业规划是指在特定地域，围绕既定方针、目标、任务，采取先进技术与手段，提出合理可行且富有时代特征的发展布局、工程项目及保障措施，为林业发展提供决策与依据而制定的具有纲领性作用的文件。

二、林业规划类型

（一）按规划的种类分

1. 产业类规划

产业类规划是指以发展壮大林业产业，追求经济效益为主的规划。如林业产业发展规划、用材林地利用规划、速生丰产林基地建设规划、特色经济林建设规划、竹产业总体规划、油茶产业发展规划、木材战略储备林基地建设规划、林下经济总体规划等。这一类规划的共同特征是规模较大，多针对中大尺度地域而言。

2. 生态类规划

生态类规划是指以保护森林或湿地生态，维护国土安全，保护饮用水源或建设宜居环境而编制的规划。如生物防火林带建设规划、流域治理规划、沿海防护林体系建设总体规划、自然保护区建设与发展规划、湿地保护利用规划、长江流域防护林建设规划、林业生态建设规划、平原绿化总体规划、生态文明建设规划、生态林优化调整布局规划、饮用水源保护规划等。

3. 旅游类规划

旅游类规划是指以森林公园、湿地公园、自然保护区等为载体，为了开展生态旅游而编制的规划。如森林旅游发展规划、森林公园建设总体规划、湿地公园建设规划、生态园总体规划、自然保护区建设规划等。旅游类规划可以是产业性的，比如某森林公园、湿地公园、自然保护区建设完成后，直接向游客收门票；也可以是非产业性的，如向公众免费开放的城郊森林公园等。鉴于此类规划数量较多，具有特殊性，因此单独分成一类。

4. 树种类规划

树种类规划是指以某一特定树种为对象所编制的规划。这些树种包括用材树种、珍贵树种、能源树种、工业原料树种等。福建省当家树种杉木、马尾松，早期已编制过不少规划。20世纪90年代，以漳州市为主编制了桉树发展规划，这些树种对福建省商品林建设发挥了巨大作用。在珍贵树种中，本省比较有发展潜力和特色的树种规划有降香黄檀、南方红豆杉、闽楠、红锥等，但发展规模均不大，仅限于中小区域，缺乏全省性的宏观规划。在能源树种中，已编制且发展较好的树种有油茶、无患子、麻疯树等。值得注意的是，由于分类角度不同，可能形成概念上的交叉，比如杉木、马尾松、桉树等，既可以归到产业类，也可以是树种类。

5. 综合类规划

综合类规划是指除上述类型外的林业规划。比如林地定额规划、林地保护利用规划、国有林场扶贫规划、良种基地建设发展规划、森林经营规划等。这些规划产业或生态特征不明显，有可能时代特征明显，比如森林经营规划早期比较注重商业性采伐，近期则偏向生态保护，鉴于其变数较大，故归入此类。

（二）按规划涵盖的地域大小分

1. 大尺度规划

大尺度规划指以全国、全省、设区市或大流域为范围所编制的林业规划。如福建省"十三·五"林业发展规划，闽江流域生态保护建设规划等。

2. 中尺度规划

中尺度规划指以县（市、区）为主，或以某几个地域上相连的乡镇为范围所编制的林业规划。如环三都澳基干林带建设规划、福建省国有林场"十二·五"发展规划等。

3. 小尺度规划

小尺度规划主要指以特定乡（镇）、南方地区小型国有林场、行政村或面积较小的各类园区所编制的林业规划，如国有林场发展规划、湿地生态园建设规划等。

（三）按时间跨度分

按时间跨度分，可分为短期规划（规划期 3 ~ 5a）、中期规划（规划期 5 ~ 10a）和长期规划（规划期 10 ~ 30a）。

三、编制林业规划主要环节

（一）收集资料

包括与编制规划直接或间接相关的各类基础资料、上位规划、科技文章等。鉴于编制人员可能对所编制地区的情况并不完全熟悉。因此，应尽可能地收集各类基础资料，吸收消化相关规划的精髓，并将其有机融入所编制的规划中。值得注意的是，林业规划不仅涉及本系统，也经常涉及发改委、国土、环保、交通、农业、海洋、水利等非林系统，有时甚至还涉及乡（镇、场）、开发区等。因此，收集资料时必须缜密，尽量防止遗漏。此外，编制地区与规划相关的科技文章是前人经验的浓缩与升华，往往能为规划编制者提供各类有益的信息，为规划带来灵感，多阅读此类文章，可有效提高编制质量。

（二）调查与沟通

细致深入的调查是编制高质量林业规划的基础。规划设计人员必须深入实地，认真开展调查，全面了解规划地区地形地貌、山川水系、社会经济、交通人文等情况，以增强感性认识。此外，规划人员应充分与委托单位沟通，倾听其对规划的要求，领会意图，为编制接地气的规划打好基础。值得一提的是，林业规划可能涉及发改、国土、农业、海洋、交通、水利、旅游等多个部门，必须逐一与其交流沟通，收集相关资料，以便形成有机衔接。

（三）厘清规划思路

外业完成后，项目负责人应认真消化各类基础资料，召集规划编制人员进行充分讨论，以发挥集体智慧，形成初步规划思路。若发现资料收集不全或有遗漏，必要时可赴实地进行补充调查，通过消化吸收，提出规划基本思路。

（四）拟定规划提纲

科学合理的规划提纲是编制林业规划的生命线。先有好的规划编制提纲，后有好的林业规划。拟定规划提纲可充分参考同类规划，并结合规划要求与规划区实际定夺，同时，在林业规划编制过程中，编制人员需开动脑筋，对原有提纲进行不断修改优化。

（五）统计汇总

林业规划必须以数据为前提，这些数据包括基础数据与规划数据，通常以统计表的形式反映出来。在开展规划前，应对规划区的基本情况进行全面摸底，收集并汇总各类统计数据。无论是现状或规划统计表，均因规划目的不同而异。以森林经营规划为例，涉及的统计表有土地类型面积、林分面积及蓄积、各优势树种各龄组面积及蓄积、用材林各优势树种各龄组面积及蓄积、林分各郁闭度等级面积、林地功能分区面积、不同采伐类型面积及蓄积规划表等。在进行统计汇总时，应确保统计表数据翔实、表间吻合、逻辑正确、单位无误。规划数据除了满足这些要求外，还要求数据切合实际、规模合理、依据充分、数据可获取。必要时，可以将这些数据以图示的方式融入文本，以增强直观性。

（六）绘制图纸

1.图素齐全

每张图纸均必须含有图名、图廓、图例、比例尺、指北针等图素，并根据规划要求有选择性地显示交通、水系、驻地、行政界线等要素。一些林业规划还要求适当标注山峰海拔，尤其是最高、最低海拔，以满足阅图需要。制图时切记不能形成孤岛状的图纸，即只显示规划区域的各种图素，而未显示与规划区相关的周边行政范围的图素。这是因为规划是有地域性的，它与周边密切联系，不能不考虑与其直接相依的周边区域的交通、水系、山脉、海域等情况。比如，目前已步入高速、高铁时代，规划区是否有高速或高铁与外界相连，以及走向如何，均必须在图上直观真实地加以反映。20世纪70~80年代林业系统曾制定了林业制图规范，对制图提出具体要求与规定。随着计算机的普及，这些规范已不能适应林业制图需要。因此，国家林业局根据各种规划需要制定新的制图规范，如2012年在部署开展全国林地保护利用规划时，就专门制定了《县级林地保护利用规划制图规范》。

2. 色彩合理

其一，图纸调色颇有讲究，其基本要求是颜色不能太多太杂，以便于肉眼分辨。除非有特殊需要，否则一个图种的颜色以不超过5种为宜。设想在万国旗中找寻某国国旗，肯定是件十分不易的事情。当然，这还要根据规划具体要求确定，一个林业规划究竟要出哪些图，每个图种要表达哪些内容，在开展规划前就必须确定下来，并与制图者充分沟通。其二，颜色需区分明显，对比要强烈，如森林类型包括商品林与生态公益林，商品林又细分为一般商品林、重点商品林，生态公益林细分为一般生态公益林与重点生态公益林。在配色时，可以把重点与一般商品林定为相邻的两个暖色系（如紫色与棕红色），把一般生态公益林用相邻的两个冷色表示（如蓝色与绿色），切忌混用。其三，应把规划中最关注的对象以更显眼的颜色表示出来。譬如，在进行造林规划时，采伐迹地、宜林荒山、火烧迹地等无林地可以采用肉眼更容易识别的红、棕、紫等颜色，而不采用灰、白、黄等色系。

3. 主题突出

规划图应突出重点，把人的视线引向最重要且最值得关注的规划对象。如在进行基干林带区划界定规划时，基干林带、海岸类型、最高潮水位、陆海分界线均为规划图的重点图素，必须以比较显眼的颜色图示。又如，福建省"十三·五"林业发展规划提出了"一屏二廊多带多点"的生态空间布局，其中屏、廊、带均必须各成体系，着色异同，分界明显，以衬托主题，吸引眼球。

4. 富有创意

林业规划必须具有可操作性，即要求规划要"实"。越来越多的规划要求所涉及的工程、任务可落到实处，落实到山头地块。以福建省为例，由于林地面积广阔，据此所绘制的专类规划图必然星星点点，有失美观。因此，创意尤为重要。这就要求规划图要虚实结合，富有创意，比如可以辅以柱状图、饼图、辐射图等，以增强视觉效果，起到美化作用。

（七）做好规划衔接

规划衔接是保障各级各类规划相互协调、形成合力的关键。下一级规划要与上一级规划相衔接，专项规划、区域规划要与总体规划相衔接，相关的专项规划之间要进行衔接。

（八）撰写科技论文

林业规划与科研成果不同，它更偏重于应用。尽管如此，林业规划本身应具备一定的学术水平，体现规划价值。实际上，编制规划更注重怎么做，而不必拘泥于为何这么做。由于林业规划多属系统内规划，规划成果出版发行的为数不多，导致规划成果无法交流与共享，限制了规划水平的提升。因此，林业规划完成后，应及时将其精髓、亮点、创新性等加以总结提升，撰写成科技文章，并展现给规划界同仁，以打破疆域，促进交流。

（九）把握重点

综上所述，林业规划需考虑的因素众多，每个规划又因要求不同，其所关注的焦点问题相异。尽管如此，各规划间仍有一定的共性可循，应把握的重点可归纳为"确纲定责、汇数落图、精编细作、校审提升"四句话。"确纲定责"是指科学编制规划提纲，并明确各章节编写人员。其中"确纲"带有顶层设计的意味，一般由项目负责人提出初步提纲，再由学科带头人或技术管理部门召集业务骨干商讨确定。"汇数"是将所收集的各类数据及时汇总成现状统计表，在此基础上根据规划要求形成规划表，并要求表间及表内无逻辑错误，数据科学合理。"落图"是指现状及规划图均可落实，且图面美观。"精编细作"指各编写人员必须密切配合，注重章节间的联系，资料互提完整无误，规划成果文字精练，重点突出。"校审提升"是指规划文本完成后由校审人员严格把关，提出修改意见。这件工作一般由规划设计单位精于业务的骨干、专业副总工程师、总工程师完成，并由项目负责人召集编写人员进行修改完善。以上四个节点，确纲定责是引领，汇数落图是基础，精编细作是抓手，校审提升是保障，各节点紧密相连，缺一不可。

四、提高林业规划编制质量的主要途径

（一）搞好顶层设计

顶层设计在工程学中的本义是统筹考虑项目各层次和各要素，追根溯源，统揽全局，在最高层次上寻求问题的解决之道。为了编制好林业规划，做好顶层设计事关重大。实践表明，搞好顶层设计不仅可以确保不走或少走弯路，而且能使林业规划成果具有科学性、合理性与可操作性，兼容性强，尤其是带有战略性的林业规划更是如此。比如全省性大型林业规划或初次接触的大中型林业规划，由于涉及面广，技术难度大，需考虑的因素多，应由学科带头人或具有丰富实践经验的技术骨干负责顶层设计。

（二）实行项目负责制

项目负责制经实践证实是行之有效的提高林业规划编制质量的途径之一。根据本单位技术人才的特点，选好项目负责人，往往能起到事半功倍的效果。甲级规划单位设计每年可能承接多达百余项的规划任务，无论是该单位的技术权威或技术管理部门，均无法做到面面俱到，做到不留规划死角。因此，规划设计质量好坏直接取决于所选定的项目负责人是否称职。一个责任心强，能力高的项目负责人，可以有序组织项目组成员开展工作，并提交高质量的设计文本，反之，若项目负责人水平差，能力低，所提交的设计文本往往错漏百出，存在严重的质量问题。

（三）严格执行校审

规划完成后，需分别由技术管理部门、专业副总工程师及总工程师进行校核、审核和审定，简称"三审"。有的规划设计单位对规划进行分类，如分为重点项目与一般项目，并规定重点项目必须实行"三审"，而对简单或难度较小的一般项目只进行"两审"（校核和审定）。通过严格的校审，一方面可以发现林业规划中存在的重大问题或方向性错误，另一方面，可以把规划文本中的各类错误降至最低水准。

第四节　ArcGIS 在林业规划设计制图中的应用

当前在林业规划建设中，ArcGIS 软件拥有明显的技术优势，非常适用于林业设计制图工作。在林业规划设计中，需要用到大量图纸绘制，因此需要实用性较强的软件处理规划设计方面的工作，以提升林业规划建设水平，减少工作量。

随着社会的发展和科技的进步，各种具有优秀实用价值的应用软件层出不求，为人们的工作和生活带来了巨大帮助。在当前林业规划建设中，ArcGIS 软件在林业规划建设中具有重要的使用价值[1]。随着林业规划建设的快速发展，ArcGIS 软件将发挥着越来越重要的作用。

一、高清卫星地图的使用和配准

2009 年森林资源调查时，来凤县林业技术员开始接触到卫星地图（卫星影像图）。但是，由于当时卫星拍摄技术精度不高，卫星地图不清晰，基层技术员主要是以地形图做规划设计，卫星地图仅作参考使用。2014 年 12 月，Google 高清卫星地图出现，精度达 0.6m 分辨率，森林与耕地界线分明，公路和房屋清晰可见，某些情况下可不需到现场查看就能完成林业规划设计工作。这种卫星地图的出现，极大提高了林业规划设计准确度和速度，节省了大量人力和时间。正是由于高清卫星地图具有的优点，来凤县林业规划设计开始逐渐以卫星地图为主。但是，从网上下载的高清卫星地图坐标存在偏差，需经过配准才能使用。通过Acrmap 的栅格配准功能，将需要配准的卫星图像置于软件中，通过控制点的输入进行配准，然后可以对其进行自动矫正，进而完成卫星地图的配准。

二、林业专题图的制作

（一）要素数据的建立

①打开软件，在其对话栏中选取 ArcCatalog，并在其弹出框中选择需创建图层的路径，

点击路径后右侧的窗口右击建立新图层，并对其进行标名。例如，可以标注为"小图"的面状图层，并在其要素属性中选取面。点、线、面是其中基本的三种要素属性。

②在已建立的图层框中点选编辑，打开空间的参考属性状态框后，依次点选投影坐标的系统、高斯系统，载入坐标系后定义新建的图层坐标。

③关掉ArcCatalog，载入已经配准结束的卫星图，同时添加刚建好的新图层到Arcmap中。

④打开编辑器状态栏，在"小图"中进行图形制作。如果两个小班使用了同一条边，那么在制作下一个时可以设置为形状的自动制作，从已画的第一个开始到第一个小班内右击，完成图纸草图的制作。如果是将已绘好的小班分为两个或多个，在编辑栏中点选剪切形状要素，从其外部开始，到其外部结束。

（二）属性数据的输入

①属性表的制定。在左侧内容列表右击"小图"，在下弹出列表中点选打开属性栏，并点击选项来添加字段，然后在弹出的添加字段框中输入名称，并在字段类型中选择适合的类型。通常来讲，一般文字常选择文本类型，而数值则选择数值类型，添加字段时，要确保编辑器处于停止状态。

②输入属性值。一种属性的输入方式是打开属性框后逐条录入，另一种是在图中右键点选属性，并在其弹出框中输入图形的属性。

③面积求算方法。在属性栏的"面积"选项上右击，选择"计算几何体"进行计算。这种计算的方法可以根据具体需要选取计算的单位。

（三）图形版面设置

①页面设置。图纸输出线必须设置处理的页面，当图纸的大小定义及打印属性设置完毕后，才能输出完整的图纸。这个操作是通过点击文件 - 页面打印命令进行设置的。

②版面设计。将需要输出的要素按具体的位置放于版面上，可以对数据框的大小和位置进行相应调整，改变数据框中图的显示比例等。数据框设置完毕后，可以在"插入"列表中输入相关内容，到此完整的林业专题图制作完毕。

③打印制图。点选"文件"中"打印"命令进行打印输出，或者将文件输出为JPEG格式，然后再进行打印输出。

随着我国科技的不断发展和数字化中国建设的不断加快，我国的林业规划建设软件向数字化方向发展，数字化林业建设由此出现。我国林业系统的数字化建设，能够对全国的森林生态资源及其相应的环境变化进行实时监测，及时、准确地获取各种数字化的数据信息。在这个数字化进程中，ArcGIS是发展中的重要组成部分。在该系统建立的林业信息数据管理系统的基础上，由于其自身具有的效率水平高、工时消耗少等优势，使得我国的林业生态资源得到了更好管理，为林业建设提供了科学依据，推动了林业建设的快速发展。

第五节　景观生态学在林业规划中的应用

景观生态学原理是研究景观的空间格局、优化景观结构、合理利用和保护生态系统，解决景观动态变化以及相互作用机理的科学。在林业规划中贯彻景观生态学原理，十分有利于林业的持续健康发展和效益的增长，并有利于解决林业与农业及其他行业之间的环境矛盾，促进景观安全格局的建立。

一、问题的提出

（一）林业可持续发展规划的需要

自 1998 年以来，我国林业行业的发展经历了历史性变革，林业已从过去的资源开采向现在的生态环境修复和生物多样性保护方面发展。近年来，林业建设取得了很大的发展，在改善生态环境方面起到了积极的促进作用。然而，当前林业建设的模式依然是按照工程类型分类建设的模式发展，在具体的建设中，往往因缺乏系统规划，林地的增长模式是以数量增长而非效益增长的模式。就可持续发展的目标而言，当前林业建设存在一定的问题，对林业的持续性发展带来巨大的隐患，而深入解决当前的问题，需要从系统的角度入手，需要建立良性的，健康的具有生态安全格局的建设模式。

（二）当前林业规划的途径

当前，国家对林业的建设采取了按照工程类型分类管理，分类建设的发展模式。在这种管理模式的影响下，各类工程的建设是依据林业用地的布局和土地利用难易程度，采取填空的模式。尽管在具体建设中坚持了集中连片、适地适树、混交等一系列的生态性原则，但是就全局或区域而言，这种规划模式仍然是一种单一目标的建设途径。在规划的过程中，很少考虑林地小班之间、小班与林班之间，林班与林班之间，林班与其他土地类型（诸如，农地、草地、居民用地、水利用地等）之间以及林业生产与人类生产生活的相互关系。鉴于此，当前林业的发展已经出现并逐步产生了诸多的管理问题和其他类型的问题。

（三）景观生态学途径是解决系统问题的科学

当前，林业项目建设规划的制约条件有：①相对农业用地而言，林业项目建设用地大多属于土壤比较贫瘠，利用难度较大的土地，对林业的发展十分不利；②林业用地与农业用地、水利用地、畜牧用地、居民点等用地交叉分布，布局十分零散；③农业用地的分散经营对林地的管理带来了巨大的困难，带来了责权不明确的问题；④农业生产过程中农药、化学肥料等材料的应用同时也对林业生态系统带来了巨大的影响。解决以上的问题，单纯从林业产业和行业管理的角度，手段和措施已经十分局限。生态系统是一个巨系统，其结构和因子之间的关系十分复杂。要协调这些关系，改善系统结构，需要从更大尺度、更广的范围和领域去着手，这些手段往往需要跨越行业领域。基于此方面的考虑，笔者认为，景观生态学原理因其在系统科学方面的广泛适应性特征，更适合解决此类问题。

二、景观生态学的概念

（一）景观生态学的渊源

景观生态学是一门新兴的、正在深入开拓和迅速发展的交叉学科。作为一门学科，景观生态学是20世纪60年代在欧洲形成的，20世纪80年代初，景观生态学在北美得到迅速发展，引起了越来越多学者的重视并广泛应用于各个领域。我国的景观生态学研究起步较晚，但自20世纪90年代以来发展也很快，目前从事景观生态学研究的人越来越多，取得了较大的成绩。

（二）景观生态学的概念

景观生态学以整个景观为对象，通过物质流、能量流、信息流与价值流在地球表层的传输和交换，通过生物与非生物的以及人类之间的相互作用与转化，运用生态系统原理和系统方法，研究景观结构和功能、景观动态变化以及相互作用机理、空间格局、优化结构、合理利用和保护。景观生态学强调异质性，重视尺度性，高度综合性。

三、景观生态学原理在林业规划中的应用构想

（一）建设景观廊道，抵抗景观破碎化，保护生物多样性

林地和农地、草场、居民点、道路等用地的交错的零散的布局模式，导致了林地景观的破碎化和生态功能的不健全性，由此也引发了生物多样性受到威胁及濒危物种的出现。首先，一个完整意义上的景观单元，应满足景观中物质流、能量流、生物流的需要；鉴于此，有必要在各林地斑块之间搭建起生物通道（即景观廊道），来抵抗景观的破碎化，满足各斑块之间的物质、能量和生物的流动，形成健康的生态格局和物种多样性。关于生态廊道的规模和尺度的问题，不同的学者看法尚不一致，但有一些普遍认同的规律，是值得在实践中参考的。

（二）建立景观单元之间联系，协调人类生活与生态之间的矛盾，抵抗人类活动的干扰

沿道路、水系建立绿色廊道，形成网络体系，满足景观单元之间的物质流、能量流和生物流，抵消了人类生产生活对景观带来的破坏性影响。

道路是人类活动十分重要的通道，其存在不仅加剧了景观的破碎化，也加剧了人类活动对生态斑块的干扰和破坏。加快道路两旁绿化带廊道建设的目的是在景观斑块与道路之间建立缓冲地带、隔离带，减弱人为活动对各景观单元的干扰，形成有效的防护。

水是生命存在的先决条件，因此，建立水系两旁的滨水廊道，十分有利于加强林地景观之间的生物流、物质流。同时，水系保护是生物多样性保护的十分有效的途径，水系分布的区域，除了植物多样性十分丰富以外，动物活动也十分频繁。建立水系廊道，非常有利于加强个景观斑块之间的横向联系，对保护生态环境和动植物生境来说，是十分有效的措施。

（三）建立生态跳板，消除景观斑块之间的隔离

在农地占绝大多数的区域内，林地景观斑块之间往往处于隔离状态，而且，林地斑块的尺度都比较小。就动物生境而言，这种生态格局极不利于动物生存和栖息；就植物群落结构而言，小尺度的斑块和过于分散的布局模式，使得植物生态系统抵抗自然灾害方面的功能明显降低，更不利于植物群落的演替和物种的延续。鉴于以上问题，在一定尺度内，适度建立生态跳板（即在适当范围的农地内建设一定规模的林地），来满足动物在林地斑块之间过度的需要。这种机制在一定程度上不仅不影响农业生产，而且有利于农业生态系统中生物环境的改善。当前农药、杀虫剂、化学肥料的大量运用，主要是因为农业生态系统遭到破坏的结果，比如，土壤中的微生物环境遭到破坏，某些病虫害天敌的灭亡等等。为了解决这些问题，人类付出了巨大的努力，但最终却没有从根本上解决问题。通过景观生态学的途径，就是要通过研究各种用地类型的斑块之间的关系，建立起互相促进、和谐发展的生态机制，最终达到景观的良性的持续发展。

（四）依据林业用地实际情况，营造适宜的群落结构，实现景观的异质性

就我国国情而言，目前林业用地多属于土壤贫瘠，开发利用难度较大的土地。依据土地情况和植物生境条件。

选择适宜的物种搭配结构，对林业建设和管理来说，是十分明智的选择；对于景观系统的健康发展来说，增强了景观的异质性，建立了适宜基地实际条件的生态群落，就意味着建立了生态安全格局。例如：在乌鲁木齐市等区域，如果选择当地乡土植物，如，红沙、盐爪爪等耐盐碱、耐旱的植物物种为基础，适当补充柠条、怪柳等灌木树种的种群结构，比当前的乔木和灌木结合的结构要更有利于环境的改善和生态系统自身的健康稳定发展，其景观特征也会富有地方特色。

第四章 林业规划设计与调查方法分析研究

第一节 浅谈林业规划设计的策略

林业规划设计是林业建设的基础作业，也是一个不可或缺的环节。近年来，在习近平总书记的带领和支持下，我国的林业规划设计工作迎来了高速发展的局面，由于林业规划设计是林业工作的基础和重要前提，所以它对林业生产工作起着无法替代的作用。然而在实际工作中，还有许多方面存在问题，如果不能予以解决，势必会对我国的林业发展带来不良影响。

一、林业规划设计含义

林业规划是指对林业生产所做出的具有预见性的相关部署。其应对林业生产的目前状态以及未来如何发展进行考虑，必须要能够保证其可持续发展的能力，同时还应该对林业生产所带来的经济效益进行考虑，让林业生产无论是在短期内还是长期内都能够带来一定的经济利益。

林业企业的发展更是离不开林业规划设计，可以说林业规划设计的数据就如同天气预报对公众的作用一样，通过天气预报，公众才能够选择何种出行方式。所以说林业规划设计有利于推动我国林业企业的经营与发展。

二、林业规划设计的现状

林业规划设计是一项先导性的工作，在规划设计之后才可以更好地进行林业建设和生态建设，也正因为林业规划设计的先导性特点，在规划设计中需要考虑的因素较多，有极强的技术性和专业性。以目前我国的情况而言，林业规划设计的相关部门正在努力的进行各项整改，探索更好的发展方向。当前林业部门的整改主要集中在了技术人员水平的提升、经营体制的创新改革和经济活力的增强上，虽然在不断的探索和改革中积累了一定的经验，但仍然面对着较为严峻的形势，需要更加科学合理的应对策略来缓解当前的困境。

林业规划设计承担着科学规划和设计林业资源的责任，需要在清楚地掌握林业资源状况下，分析林业资源的特性，然后做出最合理的规划设计。也正因为林业规划设计在生产中的实际作用，对勘测过程的要求较为严格，需要其按照实事求是的原则提供最准确的数据，这也同时方便了林业资源的保护工作。对于林业规划设计的工作者而言，整个林业规划设计的工作是一项体力和脑力结合的工作，工作的过程也较为烦琐，因此，林业规划设计工作在长久的探索和发展中一直没能取得令人满意的成果。

三、林业规划设计的策略

（一）加大技术和资金的投入，改善工作环境

林业规划设计是一项比较复杂的工作，具有较强的专业性和技术性，必须要使用先进的技术进行勘察，传统老旧的测量方法精准度不够，导致收集的数据存在较大的误差。林业管理局及相关部门要对此加以重视，做好先进技术的引进工作，保证技术得到及时的更新和应用。及时有效更新设备可以提高工作效率，而且还能提高测量的精准度，收集到的数据更加准确，有利于林业的规划设计。除此之外，林业主管部门还要结合实际情况提高工作人员的工资待遇，林业规划设计人员长期进行野外工作，生活环境恶劣，如果物质得不到有效的保障，就无法全身心投入到工作当中，所以林业主管部门要适当加大资金的投入力度，最大限度改善工作人员的工作环境。

（二）强化林业规划设计质量管理，有效提高林业管理规划水平

林业主管部门要结合实际情况加大对林业规划设计质量的管理，不断提高管理规划水平，保证设计出来的方案符合设计发展要求，能够实现林业资源的最大化利用，促进社会的经济发展。林业规划设计是对有限的林业资源进行分析和规划，将其效能和价值最大限度发挥出来，既能维持生态系统的平衡，又能为社会经济的发展做出贡献。相关部门要加大质量教育力度，以此提高林业规划设计人员的责任心和事业心；林业主管部门要结合具体情况建立与质量有关的管理制度并且在实施过程中不断改进和完善，逐渐增强质量的审查力度和监督力度。

（三）提高林业规划设计人员的综合素质，为林业建设提供可靠的保障

林业规划设计是一项具有一定专业性的工作，对工作人员的业务能力和综合素质都有一定的要求，林业管理部门要对此加以重视，结合实际情况采取一定的措施增强林业规划设计人员的职业素养，为林业建设提供可靠的保障。要注重对工作人员思想的改造，不断增强林业规划设计工作的规划意识，充分调动工作人员的工作积极性；林业主管部门还要加强对工作人员的业务知识培训，有效提升林业规划设计工作人员的专业技能水平。作为部门的管理人员，在工作过程中必须要有发展的眼光，重视林业规划设计这一工作，并且

还要有效贯彻落实。除此之外，在林业规划设计的过程中，还要结合实际情况制定严格的规章制度、确定具体的发展目标，为林业规划设计工作的顺利开展奠定良好的基础。

（四）应用参与式林业规划设计策略

所谓参与式林业规划，指的是本地农户在政府工作人员、规划人员以及技术人员的支持和鼓励下，针对林业工程建设中的经济、社会、自然因素进行深度评价和分析，并且在评价的基础上，根据专业论据和论点来评价土地利用的合理性。所以，在实际规划中，需要关注本地居民的意愿和想法，引导他们积极参与到林业建设和规划中。在参与式林业规划中，融入了社会活动科学、地质勘探科学以及自然科学，属于综合性比较强的活动。在实际应用中，需要体现具备的想法，引导居民参与到林区资源管理、林木种植以及林区改造中，落实有效林业规划管理办法。把统一林业管理和规划纳入本地社会发展规划中，参与式林业规划的本质是鼓励具备有效利用林业资源和植树造林。在这种模式下，本地居民的积极性和参与热情比较高，而且可以获得一定的利润，同时可以更好地保护和利用森林资源。

（五）应用 3S 技术来集约经营林业

所谓 3S 技术，其中包括全球定位系统、地理信息系统以及遥感技术。想要有效利用这种技术来优化林业规划设计，需要有效融合森林图面数据和资源数据，进而为实际林业规划设计提供依据，促进林业的发展。基于 3S 技术的林业集约经营包括：将林业数据数字化，获得林业空间数据，进而了解林业实际轻快了。这些数据可以应用在数据农业中，进而发挥相关的功能。在处理林业具体数据时，可以使用 GSP 面积求算和 GSI 技术，这些技术可以显著提升林业测绘的效率，并且可以为林业规划和调查提供准确、重要的信息内容。在这个过程中，需要结合计算机来完成数据统计分析工作，利用互联网来提升数据传输速度和实效性。

在林业管理工作中，林业规划设计是一项非常重要的工作，对于生态环境的保护和林业资源管理有着非常重要的意义和作用。林业管理部门要对此加以重视，正视规划设计中的问题，结合实际情况采取措施加以解决，以此促进林业的健康发展和我国经济的稳定发展。

第二节　林业规划设计与调查方法的思考分析

林业规划调查是我国林业资源可持续发展过程中的重要内容，加强林业资源的规划与调查，需要与林业产业的开发、林业生态环境的保护相结合，加强对现代化测绘技术的应用，并且对规划调查工作的机制进行完善，提高林业规划调查的效率，从而促进林业生态系统的可持续发展。

一、林业规划设计与调查工作的主要内容

林业规划与设计主要分为三个内容，有林业调查、林业规划及林业设计。林业调查根据调查内容的不同，又分为一类、二类、三类及专项调查。林业调查的主要内容是了解森林中植物的相关信息，从中分析出可砍伐树木的限额，知道森林的区域覆盖面积以及森林的经营方案，从而有针对性地对森林进行规划设计；林业规划是基于一个宏观的角度上对森林的发展现状以及后续发展进行分析，确定未来的发展方向，为以后的经营提供方向性指导。林业规划根据规划的不同有 5 年发展规划、行业规划、总体规划及产业规划等几种分类，其以林业调查结构为基础，科学预测后续林业的发展方向，提出相应的规划措施及保护措施。林业设计则是对林业规划的贯彻与执行，以图表的形式呈现出林业设计规划，提高林业规划内容的直观性与具体性。林业设计主要包括 2 部分，即初步设计与作业设计，其中作业设计又包括造林设计、育林设计、森林改进设计及采伐设计等几项内容。

二、林业规划设计与调查的重要性

随着我国经济的高速发展，环境污染问题日益严重，社会对环保问题的关注也在逐渐提高。近年来，我国政府提出优化环境、保护生态的政策，高度关注我国林业的发展。森林作为陆地上最为完善的生态系统，在整个生态环境中占有重要的作用。因此，林业部门提高林业的生产建设水平刻不容缓，而林业规划设计与调查能够有效地帮助林业生产建设合理高效化，因此林业部门应该注重林业规划设计与调查的深入研究，确保能够在林业的生产建设中能够使用高效的林业规划设计与调查方法，提高林业生产建设的整体水平，最终实现我国林业的长远发展，为我国社会与经济的可持续发展提供保障。

三、林业规划设计与调查工作的作用

林业生产建设中有一个非常重要的技术基础工作，那就是林业规划调查设计，加强对林业规划设计与调查方法的探究和思考是现代林业建设快速发展的必然趋势。目前，随着经济的发展，我国越来越重视生态环境的保护，林业部门灵活地调整了林业调查规划和调查的指标，多样化已经成为林业调查规划的重要特点，我国关于林业生产的理念也逐渐发展和完善。面对当前的现代林业发展情况，我们应当加强对林业规划设计以及调查方法的探究和思考，充分发挥林业调查与规划设计在林业生产工作中的重要作用。

（一）及时提供林业生产参考信息

长期以来，林业都属于我国重要的经济部门，其直接影响着我国人民的生产生活。但是，就目前的实际情况来看，我国很多地区在林业的管理上明显缺乏规范性，只顾经济利益，掠夺式开发的现象十分严重。尤其是那些造林难度相对较大的地区，这种盲目地开发行为

俨然将导致整个生态环境受到危害，甚至会让林地变为空地。因此，在实际的林业生产中，我们就必须从科学的角度出发，对实际的林地情况进行综合的分析与评估，然后再做出相应的预见性规划，只有这样，我们才能在维持生态平衡的基础上实现经济利益的最大化。

（二）奠定良好的森林保护基础

目前，我国生态环境在经济的迅猛发展下逐渐开始恶化。虽然人们逐渐地开始重视对森林的保护，但这种意识的增强俨然仅仅是第一步，要想真正改善这样的现状还需要科学的指导。而林业调查规划设计工作所涉及的内容是具有较强具体性的，其主要包含了具体区域适合种植的树种类型、树木的数量与质量等。显然，这些调查规划设计内容俨然能够为森林保护工作提供大量的有效信息，能够让森林管理者以此制定出适合当地情况的森林保护方案。同时，由于对森林的保护离不开林业部门的实际工作，所以要想让其所做出的决策具有科学性与针对性，就必须以可靠的资料与数据信息作为支撑。而林业调查工作所得出的资料、数据信息则具备了较强的科学性与针对性，能够顺应森林保护工作的实际需求。

（三）促进经济效益和生态效益的有效结合

实际的林业生产建设在可持续发展方针的指导下也应该逐步走向协调发展的趋势，实现生态效益与经济效益的有效结合。对于一个国家而言，经济的发展固然是非常重要的，但如果以牺牲生态的方式来发展经济，必然将得不偿失，那么，为了让林地的可持续发展目标得以实现，我们就必须进行科学有效的规划工作。众所周知，要想实现对林地的管理基本都是依托于林业部门的工作来进行的，林业调查部门掌握着林业相关的资料与数据，将对林业部门的决策提供充分的指导。显然，在林业部门与调查部门的紧密配合下，必然将制定出一种符合地方性特色的林业生产建设方案，最终达到生态效益与经济效益的双赢局面。

四、林业规划设计与调查方法应用现状分析

我国现代化林业规划建设和发展的过程中，由于现代化的规划建设体系正处于探索建设的关键时期，所以这一时期我国无论是基础调查方法的运用，还是更高层次调查基础上的规划设计工作的进行都存在许多需要改进的地方，在当前林业规划设计与保护工作进行过程中，应从现实出发，认识到部分工作改进的紧迫性和必要性，以此为实际林业规划设计与调查工作的进行发挥作用。基于当前现状分析，林业规划设计和调查方法进行的过程中，我国相关部门无论是林业规划设计方案、成果还是实际调查方法的运用以及调查成果的获取相比过去有了很大的改进。尤其体现在林业规划设计过程中，相关部门的人员能够立足整体，从系统化的角度出发，立足于林业规划所带来的经济效益、社会效益以及环境效益等方面出发，协调配合，注重林业规划设计整体性能的发挥，能够从林业规划设计中为挖掘林业价值的最大型发挥奠定规划设计基础，这与过去相比，我国的林业规划设计工作有了很大的改进；

在调查方法的运用上，相关人员注重多样化方法的协调使用，尤其是对于定量和定性方法、远程测绘控制和实际深入调查方法的综合分析应用。与过去相比，注重多样化方法的比较运用，通过方法的类比分析，发现林业建设现状的真实性和可靠性，且多样化方法的应用保证了调查结果的精确性，整体上而言，当前我国林业规划设计与调查方法的运用相比以前有了很大的改进。但是，在未来的工作创新发展中，仍需要面对工作中存在的不足，进行积极的创新发展，弥补不足，保证工作进行的有效性。

五、当前林业调查规划设计存在的主要问题

（一）规划调查意识落后，传统观念根深蒂固

林业规划设计与调查工作，是林业生产发展的基础性工作，只有在前期对地区林业的整体状况进行调查和大致了解，才能为进一步的林业发展提供有实际意义的科学指导。但是在实际过程中，多数林区工作人员对于前期的规划设计与调查工作存在选择性忽视的态度，认为林业规划设计工作既浪费时间又浪费人力物力，而且很难取得实质性的作用，因此没有必要进行规划设计与调查工作。从林业部门的领导角度看，领导人员的传统管理观念根深蒂固，没有进行与时俱进的思想更新，仍然按照计划经济时期的林业管理办法，按照上级指标进行林业资源的管理与监管工作，没有充分考虑到林区实际发展情况，因此也就不能制定符合林业发展实际的发展规划，不能为林业产业的下一步发展提供宏观指导。从基层林业工作人员方面看，工作中缺乏创新精神，只知道一味地执行上级命令，而不知道进行的灵活变通，虽然能够接触到林业工作的一线情况，但是不能进行有效的反映，反而失去了林业规划设计和管理调查的最佳时机。

（二）资金投入相对不足，人才流失现象严重

林业与农业都属于农业产业（农、林、牧、副、渔），而近年来农业产业集体效益的下滑现状是显而易见的。首先，进入21世纪，包括林业在内的农业产业遇到了发展瓶颈，一方面是可利用土地资源的减少，大量的土地资源被用作城市建筑用地，因此林业用地大部分是在山区和自然生态环境薄弱区域；另一方面，农业产业的经济利润与工业产业、服务业相比劣势明显，加上受市场经济的冲击影响，因此林业产业的经济效益也逐渐降低。近年来，虽然国家每年在农业产业上的财政投入资金比例不断增加，但是林业部门的发展并没有得到相应的改善，除了与林业生产发展本身的特殊条件有关外，没有做好周密的规划设计和事前调查工作，在林业发展过程中做了许多"无用功"，是制约林业自身发展的一大弊病。除此之外，林业行业本身的工作环境相对艰苦，日常林区管理工作往往需要工作人员跋山涉水、深入林场一线，对于工作人员的身体和心理都带来了严峻的考验。尤其是一些林业技术部门，在林区进行科学研究往往耗费数周或数月的时间，加上吃、穿、住等基本生活条件艰苦，

与城市中朝九晚五的工作相比，林业工作显然不具有吸引力。因此，在恶劣环境的影响下，林业部门很难吸引和留住高素质人才，间接地给林业规划设计和调查带来了困难。

（三）林业调查技术滞后，规划设计监管薄弱

上文中提到由于林业行业的工作环境、资金投入等问题，使得一些高素质人才大量流失，这一问题直接增加了林业规划设计与调查工作的困难度。首先，由于缺乏大量的专业性人才，在前期进行规划设计与调查时，难免会出现一些细节失误或疏漏，如果不能及时发现并进行改正，那么很有可能给后期的林业生产经营活动造成难以估量的影响。同时，由于缺乏高素质人才，林业规划设计与调查方法长时间以来都没有得到与时俱进的更新和优化，与国际先进水平之间的差距逐渐增加，一定程度上制约了国内林业产业的生产和发展。其次，现有的林业管理人员实际能力丰富，但是缺乏必要的理论知识支持。虽然能够在一定程度上适应当前林业管理的需要，但是在制定发展规划、进行实地调查等工作方面相对欠缺，很难保证规划设计和调查工作的整体质量。再次，由于作业环境相对艰苦，林业规划与调查的监督工作也相对放松，缺乏专业监督人员和专业监督测评设备，使得林业规划人员对自我要求标准不断降低，很难适应林业生产和规划设计的需要。

六、改进林业规划设计与调查方法的措施分析

（一）提高从业人员的工作素质

要想从根本上增强林业人员的整体素质，一方面可以通过外聘等方式引进高素质的综合性人才，另一方面也可以进行有针对性的招聘，选择一些专业性强、有一技之长的人才，在后期林业工作中，通过以老带新、理论与实践相结合等方式，不断提升林业人员的综合素质。考虑到林业工作环境的艰苦，可以适当提高工作的薪资水平和福利待遇，定期开展专业技能培训，不断增强林业工作人员的专项技能水平，建立起与技能培训相对应的培训考核制度，将培训考核成绩与林业人员的薪资绩效水平相挂钩，激发其工作积极性。知识经济时代科学技术的发展日新月异，林业方面也涌现了很多新知识、新方法，需要工作人员不断学习，才能跟上时代发展的步伐。调查规划设计可能会受到社会上诸多诱惑，设计人员是否具备较强的法制观念，会对其工作质量产生较大影响，因此必须加强设计人员的思想教育与法制教育。针对工作成绩突出者，给予精神与物质的双重奖励，并作为评先晋职的重要参考条件，通过完善的激励机制提高工作人员的责任心。此外，还要实现调查部门的系统化管理，保证调查人员及时沟通、互相监督，提高监管的有效性。

（二）加大投入，改善工作环境

林业规划设计与调查工作的有效开展需要一定物质基础的支持，设备的先进性和性能

的稳定性直接决定规划设计与调查工作的质量和有效性。林业管理部门应及时淘汰落后的陈旧设备，购置先进设备，从而促进规划设计与调查工作效率和质量的提高，而设备的更新也就意味着要投入更多的资金。因此，林业管理部门应该适当增加规划设计与调查方面的资金投入。

此外，林业管理部门还应投入更多的资金用于员工工作环境的改善。由于林业规划设计与调查通常都是在野外进行，工作环境比较恶劣，为提高工作人员的工作热情和积极性，应提高其薪酬水平和福利待遇，对其生活方面给予补助，从而提高林业规划设计与调查工作效率与质量。

（三）建立适合林业调查规划的质量管理体系

掌握质量管理体系的必要性，建立完善质量体系是林业调查管理的核心，贯彻质量管理标准。技术创新和管理创新往往能给一个企业带来意想不到的收获，作为林业调查规划设计单位，建立符合标准要求的质量管理体系，是林业调查规划设计单位工作性质所具有的客观要求。林业调查规划设计建立的质量管理体系，既要满足内部管理的需要，在落实林业调查规划设计成果质量上，落实管理职责，将采用有效的做法，确保质量管理体系持续有效地运行。其次是重视质量策划。强调整体优化，认识调查规划研究对象，全新定位适合流域生态环境建设与保护的调查规划体系，以"管理"方式为手段而建立的体系，使质量管理程序化和规范化，林业调查规划设计要达到良好的质量管理效果，加强生态系统研究，做好流域综合性调查规划设计的试点工作，总结建设规划的特点和经验，为制定切实可行的调查规划细则提供科学依据。必须将质量管理的重点从管理结果向管理因素转移，分析并将不合格消灭在形成过程之中，做到防患于未然。对林业调查规划设计成果既要符合适应的标准和规范，又要保证成果实现的经济性。强调质量与效益的统一，林业调查规划设计与调查对效益的追求总是客观存在的，需要不断改进自身的工作质量，应以质量为中心，在过程控制等活动中以全员参与为基础。

（四）林业的调查规划与设计要向"数字林业"集约化方向发展

林业的调查规划设计图所运用的数字化程度直接影响着后期林业的质量及效果。对于空间数据的采集问题，可利用扫描图像与数字化仪输入的方式来获得，其次要合理的安置各式各样的境界线以便于集约化管理，这一举措的实施便可以实现自动化林业的面积平差的求算。同时要大力推行网络化管理操作，计算机的加入将方便各类模块之间的系统处理问题，当然采用灵活的菜单形式则有利于构建整个林业的空间区域航片图，这一方法的实施需要在各类模块划分的基础之上进行，而林业调查规划设计体系的资源储备也是其必不可少的构成要件，资源储备系统将自备图片参数与各异的图形，它们是构成林业建筑的编程与调试的基础性元素。

（五）利用地理信息平台提高林业调查数据的准确性

通过利用地理信息系统的软件即 MAPINFO 地理信息平台，进行数字化地理信息的管理，以达到林业资源数据与图面数据的一体化，其原理简单地说，就是将地形图栅格图像的文件调入到该系统中，通过调绘线与林相底的图线在视觉中产生叠加描绘的效果而形成。这一方式的完善，对于一些不能进行林业调查规划设计的执行单位便可直接将林业储存资源的信息转换为数字信息，利用这些数字信息进行快速的规划设计，就能够实现直接施工的目的。当然，对于林业储存资料的选用要根据实际情况出发，可先进行 GSI 操作，并利用 GSP 进行林业的面积求算，若是手工式的对林业资源进行分类数据处理工作，便要求该调查人员，提高其专注度与认识度，并借助一些测绘工具，来保证林业调查结果的准确性，方便调查之后的差分处理工作的进行。实现快速、及时与实时的获取数据信息，并利用折线图等数字形式来进行林业的数据处理，同时，利用精确的定位功能明确其坐标使其，标注于林业地形图上，这样便可为林业的调查规划设计分析提供精确的信息。

（六）强调林业建设的整体性

注重其整体性，不可以偏概全，要从林业建筑的调查规划开始，对林业调查的对象进行深入研究，将生态环境的保护与建设纳入林业的规划设计之中，使林业的构建可在程序化与规范化形势下进行，并贯彻落实林业的质量管控检测，致力于在强化生态环境保护的同时达到优化林业质量管理的体系效果的作用。一些林业调查规划设计的执行单位往往偏重于管理效果的管控，而忽略管理过程中的促成因素，其实这是一种习惯意识上的偏差，如今的社会趋势要求我们从过程中的因素抓起，以形成完善的质量管理体系，做好防患于未然的工作。

（七）有序且规范地开展林业规划设计与调查活动

通常情况下，企业单位对林业的调查规划设计不会采纳顾客的意见，也往往会忽视法律上对林业建设的调查规划设计要求，而顾客的需求是林业建设中的主要构成要素，因此，企业单位要根据实际情况合理的采纳其意见，并充分收集该地区林业的相关信息，同时对于业主的要求当中存在的问题需提出合理性驳回原因，以避免触犯林业建筑中的基础性错误，而业主，对于事业单位所提供的产品要进行科学性辨别，杜绝事业单位"以次充好"等恶劣行为的产生。将网络信息技术充分利用起来，建立起专业的林业地理信息储备库、资源数字化模型，并合理化利用卫星定位仪，把这些技术引入到林业的调查规划设计之中，以提高林业建筑的实用价值。企业单位的领导者一定要树立好创新意识，来保证林业建设更好更快的发展。

在新时代下的林业，需要严格掌握好效益与质量的相对统一，将林业实现的最终质量作为硬件要求，以不断改进自身林业建筑工作的质量水平作为建设的手段，加强过程管控力度，提高单位职工的自觉性，是保证林业调查规划设计的基础性要求。当然，因地制宜的思想要贯彻落实到整个林业建筑之中，经考察后被确定为具备综合性林业规划设计区的地点，可开展林业地方性调查研究规划设计的试点工作，试点成功之后对其树林的植被生长情况进行统计与经验总结等相关工作的研究记录，为种植合适地区特异性植被的工作做准备。制定的林业调查规划设计的方案要切实可行，能够为林业的种植提供科学依据。

第三节 分析林业规划设计存在的问题及对策

林业规划设计工作是一项技术性、专业性要求均较强的专业，而且和人们的生活、生产有着十分紧密的联系。要想做好这一项工作，就一定要结合目前的自然环境及经济情况对我国林业生产特点进行分析，同时，需要合理划分林区并派专人进行管理，才能真正有效地促进我国林业规划设计工作质量的提升，为我国林业生产建设提供真实有效的数据支持，最终促进我国林业健康可持续发展。

一、林业规划设计中存在的问题

（一）没有意识到林业的重要性

任何一项工作的实施或者是开展，确定目标都是十分重要且是最基础的一件事，目标的存在能够在一定程度上减少错误发生率，也能避免盲目跟风。所以，在林业规划设计过程中，一个明确的目标是十分重要的。因为只有有了明确的目标，再加上合适的配套方案，就能更好地掌握林业实际情况，然后借助于各种手段来进行林业生产建设。但是，就目前我国林业规划设计工作来看，很多人员没有意识到林业的重要性，因为思想认识不够，在上级布置任务之后，也就没有将其落到实处，这就直接影响了我国林业生产建设工作的效果，从而导致我国生态环境建设工作不能落实到位。

（二）技术水平有待于提升

在社会不断发展的过程中，人们生活质量也得到了显著的提升，因此，人们对于美的追求也就变得越来越高，这个时候林业调查规划设计所受到的关注也就会不断提升。而目前我国林业规划设计技术水平较为落后，没有跟上时代发展的步伐。相关实践证明，在进行林业规划设计的过程中，部分人员依然使用皮尺、地形图、罗盘仪及一些精度较低的 GPS 定位器，这些设备较为落后，易导致林业规划设计工作效率降低，严重浪费时间和精力。所以，就目前我国林业规划设计所存在的问题来看，林业规划设计技术水平有待提升也是目前较为严重的一个问题。

（三）林业建设负担相对较重

在社会不断发展的过程中，林业生产与建设工作受到的重视度在不断提升，同样，林业建设队伍负担也就会变得越来越重。从某些方面来说，目前我国林业规划设计工作还不能够满足社会经济发展需求，而之所以会如此，主要是因为这一工作的条件及环境十分艰苦。在林业生产建设过程中，林业规划设计人员多数工作于偏远林区，相对于普通工作而言，工作环境及条件都十分艰苦，有些工作甚至还会存在一定的危险性。除此之外，工资待遇等多方面原因，导致我国林业规划设计人员素质较低，技术人员较为短缺，因而林业规划设计工作难以得到有效的开展，最终严重制约了我国林业生产建设的发展和进步。

（四）林业规划设计不合理

首先，规划工作进行过程中，不同程度地存在照搬照抄过去的工作经验，遇到相似的情况时，习惯性地沿用以前的规划，对本项目的个性问题思考得太少。其次，在部分造林规划设计中，树种选择时过多考虑行政意见，放松了对适地适树及乡土树种的考虑，整个林业设计规划方案缺乏可行性和发展意义。

二、林业规划设计完善对策

（一）明确林业规划设计的方向

单从内容上来看，林业规划设计工作较为单调且缺乏系统性。正是因为如此，才使得这一项工作更加难以顺利开展。针对此，林业部门要想有效提高林业规划设计工作质量，就一定要先对传统工作模式进行改变，在发展过程中紧跟时代发展步伐来对林业规划设计发展方向进行明确，从而才能真正实现林业事业的迅速发展。具体而言，林业规划设计作为林业生产建设事业中的重点，其规划设计工作的实施必然要结合林业系统来开展，在规划设计过程中真正做到各项数据之间的有效结合，才能实现检测、规划及监督相呼应，对林业资源起到较好的保护作用。除此之外，在林业规划设计过程中，还需要将林业资源和林业机械、木材市场及木材深加工等有效结合在一起进行规划设计，因为只有这样才能及时掌握市场动态变化信息，从而才能结合市场实际需求制订出符合实际需求的林业规划设计方案。

（二）提高林业规划设计人员的素质

在新形势下，要想有效提高林业规划设计工作质量，需要不断提升林业主管部门的管理人员及林业规划设计人员的自身素质。在实际工作过程中，要加强自身对于林业知识的学习，但凡是涉及相关知识和技能的地方，一定要加强学习及培训。针对此，首先相关部门一定要加强对林业规划设计人员的培训教育，以此来转变工作人员本身对于林业规划设计的认识，通过转变工作人员的思想观念来提高其林业规划设计意识，促使林业规划设计人员自身专业技能水平得到有效的提升，从而有效提高林业规划设计工作质量和效率。其次，在林业规划设计过程中，相关领导人员需要具备长远的发展战略目光，做好林业规划设计工作，这样才能有效促进林业规划设计工作的有序开展。最后，林业规划设计作为一项较为烦琐的任务，要想确保其效果和质量，就要构建可行的培训学习制度，将提高林业规划设计人员素质落到实处，同时对林业规划设计工作进行有效的监督和管理，只有这样最终就能有效提高林业规划设计质量和效果。

（三）加大经费投入力度，加强科技研究

林业规划设计工作的实施需要具备基础的物质保障，所以，在对林业规划设计进行完善的过程中，除了上述两点之外，还需要在实际工作中加大经费投入力度，以此来购置新型技术设备，淘汰掉那些老旧的设备，最大限度地提高林业规划设计效率。林业规划设计工作的实施大多是在野外进行的，工作环境较为恶劣，大量经费的投入可以用来提高工作人员的待遇，也可以用来加强科技研究和投入，通过这种方式来构建出一支较为优质的林业规划设计队伍，从而促进林业规划设计工作的有序开展，最终为我国林业健康可持续发展做出一定的贡献。所以，一定要加大经费投入，加强科技研究，以此来推动林业规划设计工作的有序开展。

就目前林业规划设计现状来看，没有意识到林业的重要性、技术水平有待提升以及林业建设负担相对较重是我国林业规划设计过程中存在的主要问题。而要想有效解决这些问题，首先需要明确林业规划设计发展方向，然后提高林业规划设计人员素质，最后加大经费投入，加强科技研究。通过这些手段来将我国林业规划设计工作推向一个更高的层次，最终也就能够有效提高林业规划设计工作质量和水平，促进我国林业事业的发展和进步。

第四节　水利风景区的林业设计分析探讨

随着我国生态建设的迅速发展，对于传统的水利设施也开展了大范围的改造。水利设施的建设和改造不仅仅只以除洪防涝为目标，更是强调其生态调节的功能。

水利风景区的园艺设计在设计理念上更加凸显水土和谐，在美学上更加强调浑然天成的自然景观美感，因此与城市中的园艺设计理念大有不同。在这种设计理念的指引下，对于水利风景区的园艺设计要更加强调水土保持的重要性，要建设具有涵养性的园艺景观，不仅在外观上能彰显自然之美，更具有实际的园艺作用。

一、水利风景区的建设与发展

我国地大物博，是半内陆国，东部为沿海地区，内陆也多江河，全国又分三大阶梯，

地势变化较大，因此水利事业发展是极其必要的。在水利事业发展中通常以除洪防涝为目标，但在现在社会发展中，我们不断认识到水利事业不仅是保护国民经济的一道屏障，还可以成为秀美的风景区。

二、水利风景区的功能性作用

（一）促进经济的发展

水利设施的建设对于保护土地、涵养水源具有重要的作用，水土是一切经济活动的基础，因此水利风景区具有促进经济发展的作用。当然，如果措施不当或者破坏了生态平衡，则另当别论，但从总体上说，水利风景区的建设是有利于整个地区的经济发展的。对于地区经济的影响体现在农业上增加单位面积产量，工业上提供充足的水源，商业上影响整个市场的经济活力，因此水利风景区对于各行各业的影响都是具体而显著的。

（二）保护生态的功能

水利风景区的建设首先就具有保持水土的作用，这在一定程度上体现了其生态性。其次，改善水利，可以影响整个地区的小气候，改善空气质量；同时，水利风景区也具有保护生物多样性的作用。再次，水利风景区也给人们提供良好的出游场所，使人们得以脱离喧嚣的闹市，享受生活的平静与祥和。水利风景区作为一个地区的重要部分，是一个地区生态系统中最重要的一部分，是整个地区的名片。

三、水利风景区园艺设计原则

水利风景区的园艺设计原则，不仅要体现科学性，还要体现美学的特征，不仅要具有功能性，也要具有观赏性，才能成为水利风景区中的生态画卷。

（一）合理选择培育的园区绿化树种

首先一定要根据当地的气候特征选择绿化的树种，这些树种不但要适宜该地区生长，更要选择一些抗灾害的树种，能够保持水土涵养水源，不会因为突发的灾害而造成巨大的损失。同时，选择的树种应该要具有旺盛的生长能力，并在园艺树种的选择上还应该考虑色彩的搭配和高度的相宜。

（二）要具有地区的文化内涵

我国各地区气候和文化之间各有差异。水利风景区作为一个地区的名片，不单单要从自然景观上产生与其他地区有异的独特性，更要在水利风景区的园艺设计中体现出不同的文化内涵。比如南方尚雅巧、精致，北方尚气势恢宏。各地因其不同的自然条件和不同的历史发展形成不同的文化内涵，在水利风景区的设计中要尤其注重对地方文化的表达。北方由于气候的原因在冬季百木凋枯，因此在设计中尤其要注重色彩的搭配中的季节性问题，增加常绿林的比重。

（三）人与自然和谐共处

水利风景区通常建立在远离城市的乡村，这里保持着自然的纯粹和原生态。水利风景区中园艺设计在保护生态性的基础上，主要还是营造浑然天成的景观以供人们消遣和娱乐。水利风景区作为一个旅游区来说，必须要增强其吸引力，因此要在建设中充分考虑人的需求。但是人的活动势必会对自然景观造成一定的影响，使之失去原有的质朴。因此在水利风景区园艺设计中秉持人与自然和谐的原则是十分必要的，只有在满足人的需求之下仍然能够尽量保持园艺的自然性，才能达到虽为人造却与自然齐美的效果。

（四）充分利用乡土植物树种资源

乡土植物作为本地区的土生物种，投资少、抗性好、绿化效果好、适生于当地环境等优势倍受重视。在水利风景区植物景观规划建设中，充分使用乡土植物不仅能够有利用植物的正常生长，又能表现其地域文化特色。例如武汉的市树是水杉，市花是梅花，济南的市树是柳树，市花是荷花，长沙的市树是香樟，市花是杜鹃花等，都是各地最具有代表性的植物。这在城市河湖型水利风景区的规划设计中最为明显，因为此类水利风景区与城市的联系最为密切，是一个城市的形象，最能够体现当地的地域文化特征。

四、加强水利风景区园艺设计的对策

（一）配合建筑景区进行园艺设计

在园艺设计时要考虑到水利风景区建筑的设计风格，这样能够促进自然环境和建筑之间的协调，提高水利风景区的欣赏价值。在园艺设计中，植树的种类要求不高，但是为了提高植树的成活率，还是要选择和水利风景区土质、气候、光照等相适合的植物，这样才能够保证园艺的欣赏价值。除了考虑生长条件外，只要植树配合建筑能够增加美观即可，如在小亭子附近可以种植竹子、假山附近种植松树等，以给人一种比较和谐的自然美感。水利风景区中的河岸、水体较多，设计时要在河岸上种植不同层次的植被，提高风景区河岸的观赏价值。

（二）利用各种植被提高水利风景区的艺术水平

水利风景区的园艺设计中离不开艺术的构造，利用相关的植被设计高艺术水准的作品，是园艺工作者非常重要的任务。水利风景区的园艺设计中应用最多的就是花卉和各种草木，可以根据该地区特有的传统文化，选择比较有代表性的园艺设计作品，如临泽县具有西游遗迹的文化，可以用各种花草植被设计西游记中的人物造型，这样既可以加大对临泽县的文化宣传力力度，还可增加水利风景区的文化价值。园艺设计中使用的花卉较多，可选择比较耐旱的花卉进行栽培，将花卉布置成花坛、花池、花伞等，还可以利用现代元素和一些先进的技术构造成看起来具有动态的花流。在水利风景区的园艺设计中，要加强对植物和水体的设计，水和植物能够创造一种心旷神怡的意境美，通过精心设计能够给人一种浑然天成的艺术美感，不断增加水利风景区的欣赏价值。

（三）加强园艺人才队伍建设。提高园艺管理水平

只有加强园艺人才队伍建设。才能做好园艺的设计和管理。增加水利风景区的欣赏价值，充分发挥水利风景区的经济效益和社会效益。要建立严格的任职考核制度，具有专业园艺技术的人才，在通过考核之后才能够参与水利风景区园艺的设计，这样才能够保证园艺设计的专业性，提高水利风景区园艺设计的水平。园艺设计建好之后，还需要对相关的植被做好养护管理工作，这样才能够保证植被的成活率，促进水利风景区欣赏价值的提升。水利风景区要建立严格的管理机制，选择具有专业知识的人才对园艺植被进行管理。如适时浇水、剪枝、做好虫害防治等工作，减少园林艺术的损害，这样才能够更好地促进水利风景区的发展。水利风景区要加大对园林技术的宣传，提高人们对水利风景区的认知度，吸引更多的游客，从而带动当地经济的发展。

水利风景区的园艺设计既要有功能性又要注重美学的传递，既要为人们提供便捷的服务设施又要体现自然性，因此在整个园艺的设计中要考虑诸多因素，才能真正成为水利风景区中的一大亮点。此外，在水利风景区的园艺设计中要充分考虑自然条件，遵守设计的原则，并在此之上体现其文化性和美感。

第五节　参与式林业规划设计方法的思路与应用

社会经济的发展对周围环境造成了非常严重的破坏，对人们生活和生产造成了严重影响。基于此，对林业规划设计提出了新的要求，但是传统由点到面的林业规划方法已经很难满足新时期背景下，对林业建设工程的具体需求。而参与式林业规划设计方法具有成本低、效率高、结构合理等特点，被广泛应用在林业建设工程规划设计中，并取得了良好成绩。

一、参与式林业规划和传统林业规划的区别

参与的方式多样性，包括：被动式参与、敷衍式参与、互动性参与、自我引导式参与等。而参与式林业规划主要指的是互动性参与，也就是说参与人员和项目实施形成良好的互动性，促使参与者的思想、建议能得到充分发挥。因此，参与式林业规划和传统林业规划的

区别主要体现以下几个方面：

第一，参与式林业规划过程中，规划范围当中土地的拥有者具有确认和反映自己的问题、潜力、对周围环境认识的机会，而传统的林业规划中土地拥有者则没有这样的机会；第二，参与式林业规划过程中，当地居民有机会总结并充分反思发生在自己环境当中的经验，并自觉加强可持续发展意识，但是传统的规划方法却很难有这样的机会，而且各种规范方案往往会被当地居民认为是强加上的，会产生抵触情绪，从而影响了林业规划的效率和质量；第三，参与式林业规划过程中，通常以当地居民为主，规划建设单位为辅，充分利用当地人的条件和能力进行决策，传统林业规划方法主要由领导或者规划技人员进行决策；第四，参与式林业规划过程中，农户可以把林业规划当作自己的成就，从而提高他们工作的热情和积极性。而传统林业规划方法中，大多数农户很难获得制订方案，所以只能一味地按照上面的指示做好自己的本职工作。

二、参与式林业规划设计方法的思路

参与式林业规划指利用当地农户在技术人员、规划人员、政府工作人员的鼓励和支持下，对林业工程建设过程中遇到的自然、社会、经济等影响因素进行深入分析和评价，并且在评价的基础上，通过相应的论点和论据来确定未来某些因素下土地利用的合理性。因此，在具体规划过程中，必须充分重视当地居民的想法和意愿，通过互动的方式，促使当地居民积极主动的参与到林业规划和建设中来。总体而言参与式林业规划方法中充分融入了自然科学、地质勘探科学、社会活动科学等，是一项综合性比较强方法。因此，在应用思路中必须充分体现社区林业的思想，以林业工程建设为对象，以当地居民为主体。通过科学合理的方法，促使当地居民积极主动参与林区改造、林木种植、林区资源管理当中，逐步建立起一种符合当地实际情况的林业规划管理思路。让当地居民充分了解和掌握人与自然和谐相处的重要性，同时把林业规划和管理统一纳入当地社会发展计划当中。参与式林业规划设计方法的本质就是吸引当地居民能积极主动参与到植树造林、提高林业资源利用当中，以实现林业发展的总体目标。和传统林业规划设计方法相比，居民主动参与社区林业发展是核心与原则。此过程中，居民的主动性主要体现在三个方面：自我参与的意识；居民自主决定的权利；居民自主管理的方法。这也是林业发展的基础，社区林业在发展过程中非常强调当地居民参与的主动性和积极性，而林业的发展能为当地居民带来一定的经济利润，这一点也是促进当地居民对森林资源更好地保护和发展的主要原因。

三、参与式林业规划设计方法的应用

（一）参与式林业规划中补习遵守的行为准则

1. 从根本上保证每户居民的知情权和参与权

在召开第一次村民动员大会时，要根据实际情况，对村民进行分组，确保每户至少有1人参加会议。把林业规划相关信息和资料印制成册，发放到每家每户。技术人员要在会议上把林业建设工程的背景、目标、造林种类、农户可以获得的好处以及农户需要做的工作等详细讲清楚，并积极强调此项目的扶贫性质，鼓励当地贫困的农户能积极主动参与到其中，以免发生"暗箱操作"，从根本上保证每户居民的知情权和参与权。

2. 指派专门人员座谈会议进行详细记录

指派专门人员座谈会议进行详细记录，记录内容要真实、详细。在记录土地利用冲突问题时，不能仅仅只记录，还要记录为什么是、为什么不是等。

3. 在解决土地问题过程中必须结合实际情况，并站在农民的角度深入分析

土地问题是参与式林业规划中的难点和重点，因此，在解决土地问题过程中必须结合实际情况，并站在农民的角度深入分析。一定要解决农民的牲畜饲养问题和生活烧柴问题。此时，技术人员必须充分做好自己的本职工作，把相关规定、政策、补偿机制等详细讲解给农民听，如果在林业规划和建设过程中，涉及技术经济的问题，要第一时间向当地政府反馈，确保相关工作能顺利进行。

（二）参与式林业规划设计方法的具体应用

1. 切实做好准备工作

林业规划技术人员要积极收集当地相关的数据和信息，包括：林业规划面积、当地耕地面积、荒地面积、人口以及经济发展发水平等，并编制可行性报告，此报告当中林业规划面积，应当是参与式规划后的林业改造面积。准备材料包括：地形图、申请表、准备简介林业规划项目文件、宣传单等。

2. 宣传发动

相关人员要深入乡村干部和部分村民家中，向他们详细阐述此次林业规划的意义和重要性，并简要介绍项目以及规划的方法，把编制的传单和申请表发放给每户家庭，并约定农户参加第一座谈会的时间。

3. 召开第一次村民会议

林业规划设计技术人员，要详细检测村民是否具有土地所有证，并向村民详细介绍参与式林业规划的方法和途径，使农民能充分明确自己在林业规划当中的主导作用，并对林

业规划区域当中出现过的经验和教训进行总结和分析，避免相同的事情发生第二次。绘制林业规划图，把该地区村界、河流、道路、标志性建筑等清晰明了的绘制在图纸上，向村民介绍本次林业规划项目的基本内容、规划情况、合同内容等，明确每位村民的具体责任。对给地区土地未来利用规划建详细分析，按照规划图纸的具体内容，分块逐步讨论该地区植物的生长状况、土质肥沃程度、坡度、坡向以及适合种植的树木等，并且把建议种植的树木在该区域标注清楚。

4. 农民内部探讨和规划

积极落实土地使用权，在签订相应合同前必须明确落实土地的使用权，然后签订正式的土地成本合同。确定造林和种植树木的地块以及造林类型，并选择合适的树种确定经营方式，在专业人员的指导下，填写林业工程项目规划表，制定年度造林任务安排，制定开展第二次技术人员和村民座谈的会议时间。

5. 召开第二次村民会议

根据土地利用规划图中的具体内容，简单回顾造林规划的结果，并解决村民提出的问题，如果都没有疑问，对年度造林任务安排进行展示，以便进行深入讨论。并详细论证村民的规划是否满足林业工程整体规划的具体需求，并讨论其在技术上的可行性和专业性。村民可以在地形图上用铅笔描绘出在小组的边界，并对此次会议讨论的内容进行详细记录。

6. 实地查看

在1：10000比例尺的地形图上，明确标注出村民小组的边界，并用不同颜色的笔在地图上标识出不同土地利用的位置和边界，在充分了解地形图中的内容以后，标出现有的森林植被。同时，确认农民建议的小班并成图，以便探讨各项技术的可行性以及在具体种植过程中可能遇到的冲突和矛盾，进一步完善调查登记表和工作表，完成林业规划面积内业计算，然后把造林规划编表返回林业规划建设的居民，明确各自参的面积，并确定下一次技术人员和村民开展座谈会议的时间。

7. 开展第三次村民会议

汇总所有村民规划的结果，包括：林业种植的面积、造林的种类、种植的树木等，以供村民座谈会议上进行讨论和审批。制定下一年度造林计划，由当地居民决定开展造林的先后顺序，林业规划技术人员和项目管理人员要帮助村民估算出植树造林的劳动力等。

8. 内业和预评估

全方位确定林业规划的区域和种植人员，并填写林业规划统计表，根据实际情况绘制出该区域土地利用规划图，并按照1：5000的比例尺复制林业规划作业图，并提交林业规划成果资料图，交给林业建设项目的领导小组进行审阅，把林业规划成果图转交给预评估单位进行全过程评估，然后逐步完善林业规划成果资料，并存档保存。

9.提交资料，准备合同

整理座谈提纲和各次会议记录表，把土地利用规划图、造林规划表等全面提交给林业项目规划项目领导组，并详细核对合同商讨记录，制定林业规划保护条例和相应的管理办法，比如建立科学合理的乡规民约来督促当地居民保护生态环境。

10.签订合同

统一对合同进行理解，然后通过合同来约束村民的行为，为林业改造和林业种植营造良好的环境，当地县林业项目规划在合同书签字，确保合同具有相应的法律效应。

总之，多年来的实践证明，参与式林业规划方式是正确的，是符合我国实际的。其在我国的推广应用，不仅是规划方法的转变、思想观念的转变，更是我国林业发展一次质的飞跃。

第五章　林业设计效果分析

第一节　林业设计在病虫害防治中的效果探讨

随着我国经济的不断发展，林业建设工作受到了国家的高度重视。林业可有效净化空气、保护环境，尤其在这个环境恶化逐渐明显的时代，我国更应该注重对林业的保护工作。由于目前的林业病虫害对我国的林业影响较为严重，对我国林业的正常发展起到了阻碍的作用，要想促进我国林业的正常发展，就要设计合理的林业设计方案，方便我国林业实施病虫防治的工作。

我国的土地面积广阔，不同地区气候变化多样，尤其是森林类型较为丰富，经过近年来的全国林业调查显示，我国的森林占地面积约为 2.08hm²，全国的森林覆盖率可以达到21.6%。经过我国林业科学家的不断研究，我国的林业技术不断发展，不过目前的病虫害为我国的林业发展形成了一定的阻碍，这就需要我国的林业部门不断提高林业技术，通过林业设计对病虫害有效的治理，保障我国的林业发展。

一、林业技术设计的发展和研究

（一）我国林业的设计技术现状

我国林业技术经验得益于多年来的实践积累和研究，林业技术设计对林业生产过程中操作方案、操作流程、操作技术、生物技术、管理技术和对劳动方法的合理利用起着统筹规划的作用。我国目前的林业技术还是以传统的种植业为主，但是传统模式的技术设计环节会存在着种植周期较长、病虫防治功能弱，由于这样的原因，会大大限制我国的林业长期稳定发展。这就需要结合我国林业实际情况，探索和提高林业技术设计水准，培养出新型可有效耐寒、抗旱、具有较短的生长周期并且具有明显的抗虫害性能的新型林业种植品种。

（二）我国的林业设计的发展现状

随着经济全球化的发展，世界各国之间逐渐加强了交流与合作，关于林业方面的合作也在逐渐增强，由于这一原因我国的林业工作者吸收了许多外国先进的林业设计方案，由于对外来技术的不断吸收和学习，我国林业设计技术不断提高并不断地推动我国林业技术的发展进程。随着我国经济体系的不断完善，对林业的产业结构也产生了重要的影响，我国越来越重视第三产业的重要性，这对拓展林业的经济发展空间起着至关重要的作用。目前我国林业研究部门拓展了林业研究的方向和领域，从传统的生物学向物力、化学等各个方面展开了研究和探索。

二、我国林业设计与病虫害防治中存在的问题

（一）林业管理存在较大难度

我国的森林分布范围较为广阔，地形地貌和气候条件复杂多样，属于相对复杂的森林资源类型。森林资源具有丰富的特点，这也为对林业的管理增加了难度，造成了病虫害频繁发生的现象。由于我国的森林资源结构复杂，在实行病虫害防治措施的时候，很难形成行之有效的防治效果，并且随着病虫害适应环境的能力不断进化，导致了病虫害防治办法实施时死亡率不断减小，对我国的林业造成了不利的影响。

（二）病虫害防治方法较为落后

根据我国的病虫害防治工作中可以看出，目前的病虫害防治工作方法主要是以喷洒农药来应对病虫害的发生，并没有学习和引进国外先进的技术方法，没有形成一套完善的工作规范流程，这就会导致病虫害防治工作效果达不到预期的目标。使用农药在病虫害防治时，病虫害的防治效果和农药的用量有着明显的关系，农药用药量不足，会导致难以做到对病虫害彻底的防治，达不到预期的防治效果；反之，用量过多则会很容易造成环境的污染，对树木的生长也会造成不利的影响。与此同时，我国还缺乏相应的用药标准，这就不能有效保证应用农药进行病虫害防治的科学性。

（三）缺乏技术性人才

林业中病虫害防治的林业工作者要具有一定的专业性知识，在进行林业的病虫害防治工作时，要提前了解所防治林区的森林结构、该林区所生长的数目类型及该地区的病虫害种类等多方面的情况，以上因素对林业工作者有了较高的要求。由于我国目前的林业专业技术人才严重稀缺，国家对林业病虫害防治方面的人才培养力度依旧有待提高，专业的林业病虫害防治培训机构少之又少。如今的很多林业工作人员没有受到专业的培训便到岗位中工作，所掌握的专业知识较少，对防治的森林了解不足，在进行病虫害防治工作的时候，缺少专业性的人才进行技术指导，导致了无法保证病虫害防治工作的顺利完成。

三、林业设计防治病虫害的方案

（一）提高造林的设计技术

树木的生长和所在的环境有很大的关系，不同类型的树木对环境的生长需求不同。林业工作者在进行林业造林之前，要对造林地的地形地貌及环境特点进行细致全面的了解并进行调查和分析。在树种的选择上，要选择最佳的树种类型，实行最佳的种植技术，应引进可抗病虫害能力较强的树种，比如对当地的树种进行合理改良后再进行种植，这就可以有效提高树木本身对病虫害的免疫能力。在树木种植时，还应实现对所种植树木间距的科学规划，采用交叉种植不同树种的方法，这就可以在有效利用种植空间的同时，提高所种植区域森林结构的抗病虫能力，并且减少甚至避免农药的使用。

（二）加强林业日常管理

林业管理是病虫害防治工作中不可或缺的工作，由病虫害频发的森林区域情况来看，很多原因都是由于管理不善导致了病虫害的发生。相关的林业单位必须重视到林业管理工作的重要性，通过合理的工作分配，与各个部门进行协调组织，用科学的方法加强林业管理。例如，运用现如今先进的计算机技术在林区内建立信息化森林管理系统，这样就可以实时的对森林的情况进行了解和观察。一旦发现病虫害就可以及时地采取相应措施对病虫害进行控制和处理，这就可以有效避免病虫害进一步扩展，可有效把病虫害对森林的危害降到最低，为该林区的树木健康生长提供良好的保障。

（三）采用生物防治法

由于利用农药对病虫害防治的方法存在着多种弊端，所以需要采用全新的林业设计防御病虫害。对于我国目前面对的林业病虫害的防治方法，可设计生物防治方法来提高林业的病虫害防治效果。生物防治法行之有效并且对环境的影响较小。生物防治方法就是采用食物链的原理以虫治虫，在患有病虫害的地区引进或者放养林业害虫的天敌，可以起到把病虫害消灭的目的。在病虫害林区投放害虫时，要结合当地环境，控制好虫害天敌的数量，可有效治理林业病虫害问题，与此同时，要避免所引进到林区的物种造成新的病虫害。

（四）利用生物农药

我国目前的传统农药大多是化学农药，化学农药中含有多种有毒有害物质，而且这些物质还会对环境造成危害。长期使用农药对病虫害进行防治，会导致病虫害产生一定的抗药性，使农药的使用效果越来越差，病虫害的防治难度也越来越大，不能从根本上解决病虫害的防治问题。生物农药是根据自然规律研制出的新型农药，即利用自然界的生物对病虫害进行彻底的灭杀，对病虫害的防治效果显而易见，与此同时所治理的病虫害还不会产生抗性。

生物农药的使用可有效避免治理病虫害过程中所造成的环境破坏问题，对我国的病虫害防治工作具有重要意义。

（五）加强病虫防治的推广方式、加强人才培养力度

为了达到加强病虫害防治的工作目的，我国的林业工作者要向国内引进和推广先进的管理方法和管理技术，情况需要时还可以在得到财政部门的同意下引进新的病虫害防治的机械设备。在进行病虫害防治工作时一般都会涉及大量的使用经费，在关键的防治阶段应根据实际病虫害情况进行问题的处理，不能因刻意降低病虫害推广技术成本而使用过期或者治疗效果不明显的药物，同时也不可以对使用经费的铺张浪费，刻意购买高价药物进行生物防治。与此同时，还应注重对林业部门专业的人才培养，加强林业工作者的环境保护意识，为了进一步提高我国林业病虫害的防治能力；在林业部门设计管理方案的时候，要加大对病虫害的检测力度，设计并制定出完善的病虫害预警制度，使林业工作人员可以及时发现病虫害的危害并有效减少存在病虫害的范围。相关部门应建立科学合理的病虫害监控系统，通过卫星遥感技术的监控，让林业工作者实时做好相关数据的记录，从而加强病虫害的防治工作，在根源上有效避免或者减少病虫害给林业部门带来的威胁。

林业种植的过程中，病虫害防治的工作尤为重要。林业工作中一定要加大对病虫害防治工作的研究力度，设计出合理的病虫害防治计划，达到有效提高林业防治工作的效率、提高我国的造林水准的目的，同时还应采用生物防治技术、利用生物农药为我国的树木良好生长提供保障，促进我林业稳定发展。

第二节　我国林业公共政策现状及总体效果评价

公共政策是政府发挥作用的手段和工具，政府要促进林业转型，无疑要借助相关公共政策来推动，林业政策是国家经济政策的组成部分，是政府在林业方面的施政方式和手段。当前，我国林业公共政策已经形成了较为完整的体系，且在实施中取得了明显成效。

一、我国林业公共政策现状分析

（一）林业基本政策

1. 集体林权制度改革

产权制度是对所有权、使用权、收益权、处置权进行的制度安排。林权制度是对林权所包含权能的界定、主客体设定、确立和保护等一系列行为规范。集体林产权改革实质上是指集体林产权制度再安排过程中各项权能再赋予不同主体。使用权直接影响收益权和处分

权。而且具有排他性、可交易性的物权属性、是集体林产权改革的方向和关键。所以，集体林产权改革主要是对集体林区使用权安排进行的改革。新中国成立以后，集体林权制度虽经数次变革，但产权不明晰、经营主体不落实、经营机制不灵活、利益分配不合理等问题仍普遍存在，制约了林业的发展。为了解决上述问题，2003年福建首先进行林权改革试点。随后，2004年、2005年和2006年江西省、辽宁省和浙江省也相继进行了集体林权制度改革，这是我国率先进行集体林权制度改革的4个省份。2008年，《中共中央国务院关于全面推进集体林权制度改革的意见》出台，标志着集体林权制度改革在全国范围内全面铺开。集体林权制度改革的核心是界定产权，具体任务是分山到户、确权发证、相关的配套改革是林权评估、林权流转、森林保险、林权抵押、林权交易平台建设。配套改革是从机制上、措施上真正落实林业经营者的经营权、处置权和收益权，克服因林权分散带来的一系列问题。集体林权制度改革对进一步解放和发展林业生产力具有方向性的地位和作用，是我国林业转型期的一项重大政策举措。

2. 林业政策的整体转向

跨入21世纪，我国进入了生态文明建设的新阶段，林业作为生态建设的主体，也进入由木材生产为主向以生态建设为主的转型期。2002年，时任国家林业局局长周生贤提出，中国林业历史性转变的核心是以木材生产为主向以生态建设为主转变，同时，围绕这个核心，林业正在加速实现由以采伐天然林为主向以采伐人工林为主、由毁林开荒向退耕还林、由无偿使用森林生态效益向有偿使用森林生态效益、由部门办林业向社会办林业的重要转变，统称为新时期林业的"五大转变"。这既是对新中国林业建设经验的总结和继承，更是根据新形势、新需求对传统林业的扬弃与升华。"五大转变"是一个有机的整体，相互影响，相互因果，共同构成新时期林业的主要特征。由以木材生产为主向以生态建设为主转变是根本、是核心，没有定位和性质的转变，林业发展就找不准方向，就难以明确主要任务。难以在国民经济和社会发展中确立林业应有的地位，难以真正做到其他四个转变。其他四个转变是服务于根本性转变的，没有标志性的四个转变。新时期林业定位和性质的转变就没有依托。就不能有实质性的整体推进。"五大转变"系统反映了中国林业转变的方向。是转型的方向性政策，决定了其他林业公共政策的变化和发展。

3. 林业政策的实施：六项重大措施

改革开放以后，我国陆续启动了一系列林业重大工程，较早的有1978年的三北防护林工程，2000年左右比较集中地启动了五个工程。从统一规划，集中实施的角度考虑，国家林业局将这些重大工程整合到一起，合称林业六大工程，这六大工程是：天然林资源保护工程、三北和长江中下游等防护林建设工程、退耕还林工程、京津风沙源治理工程、野生动植物保护及自然保护区建设工程、重点地区速生丰产用材林基地建设工程。六大工程中，有5个是以生态建设为目标，以政府为项目实施主体，投入以政府投资为主。速丰林基地建设工程主要是为了解决我国木材和林产品的供应问题，其实施主体是各类企业，具体运作将以市场需求为导向，通过市场配置资源，采取以市场融资为主，政府适当扶持的投入机制。速生丰产林基地建设工程是为了弥补实施其他五项工程减少的木材产量缺口，尽量满足社会对木材需求而实施一项工程。林业六大工程是我国再造秀美山川的战略工程，规划范围覆盖了全国 97% 以上的县，规划造林任务超过 0.73 亿 hm²，工程范围之广、规模之大、投资之巨为历史所罕见。六大工程既是实现其他林业公共政策目标的途径和载体，本身也是一项重大政策，反映了我国林业转型期的政策取向。

（二）林业公共政策体系保护、发展、利用三位一体

改革开放以来。林业在国民经济和社会发展中的地位越来越高，投人的资金逐年增加，密集出台了一系列具体政策。从以发挥林业生态功能为主，兼顾经济功能和社会功能的目标出发，林业公共政策涉及森林资源保护、发展和利用三大方面，形成了保护、发展、利用三位一体的林业公共政策体系。保护政策主要有《中华人民共和国森林法》《中华人民共和国森林法实施条例》《森林采伐限额制度》《木材凭证运输制度》《中华人民共和国野生动物保护法》(1988年颁布，2004年修正)、《中华人民共和国陆生野生动物保护实施条例》《中华人民共和国野生植物保护条例》(1996年)、《中华人民共和国自然保护区条例》(1994年)、《国家级公益林管理办法》《全国林地保护利用规划纲要（2010～2020年）》《占用征收林地定额管理办法》等法规制度。发展政策主要有林业重大工程实施政策和森林可持续经营制度。利用政策主要有木材综合利用税收减免政策、木材战略储备基地建设、林下经济开发政策、凭证采伐制度、木材加工许可制度等。但一项法规制度往往包含多项政策，例如《中华人民共和国森林法》包含了保护、发展和利用政策措施，木材战略储备基地建设涉及了森林资源的发展和利用。森林资源保护、利用、发展政策紧密相关，相互依存、相互影响，森林资源是在严格保护的前提下利用，在合理利用的基础上促发展。

（三）财政保障林业补贴政策

无论哪种林业政策。其制定和实施都或多或少地需要财政资金支持，财政保障是否有力，直接关系到林业公共政策目标的实现程度。当前财政用于林业的资金多以项目为载体，以补贴的形式投入，大致可以分为补偿性补贴、补助性补贴、引导性补贴三类。补偿性补贴强调补偿性，针对的生产经营行为一般不是经营主体的主动行为，而是政府从公共利益最大化的角度考虑，要求或规劝有关生产经营者生产某种产品，并对他们的非主动经营行为或结果进行补偿。主要有森林生态效益补偿、退耕地还林补贴、退耕还林工程配套荒山荒地人工造林补贴、巩固退耕还林成果专项规划后续产业造林补贴等。补助性补贴强调帮助性，政府为了稳定相关产品的供应，对生产经营者的生产成本给予适当的补贴，补贴的生产经营行为是生产经营者的自主行为，主要有林业重点工程造林补贴、中央财政造林补贴、林业成品油价格补助、基本建设贷款中央财政贴息、林业贷款中央财政贴息、农村沼气池建设补助等。引导性补贴强调政策的导向性，往往是政府为了达到某方面的目的，通过对

相关经营主体进行补贴，降低生产经营者的经营成本，拓展利润空间，引导社会经营主体的投资方向和生产方式向政府合意的方向转移，主要有森林抚育补贴、国家林木良种补贴。

二、林业公共政策效果评价

（一）效果评价的角度、指标及数据来源

具体的林业公共政策形成林业公共政策体系，每项政策都是和其他政策一起发挥作用，林业改革发展取得的成效是林业公共政策的整体效果。评价林业政策的整体效果，通常可以通过数量化指标和非数量化指标来进行，一般来说，数量化指标更能直观反映效果，而非数量化指标以描述性评价反映实施效果相对困难一些。林业政策数量化指标主要包括：森林覆盖率、有林地面积、木材产量、公益林与商品林结构、林业产值、生态环境状况、生物多样化等圈。以全国森林资源连续清查结果，选取森林覆盖率、森林蓄积量、林种结构、林分结构、龄组结构、森林起源结构、采伐结构、单位面积蓄积量等数量化指标来分析林业公共政策的效果。

（二）总量效果

森林覆盖率和森林蓄积量是反映森林资源总体情况的最常用、最基本的指标。森林覆盖率是指达到一定标准的森林面积占国土总面积的比率，森林蓄积量是指规划林地上胸径达到 5cm 以上的林木的蓄积量，详见图 1、图 2。

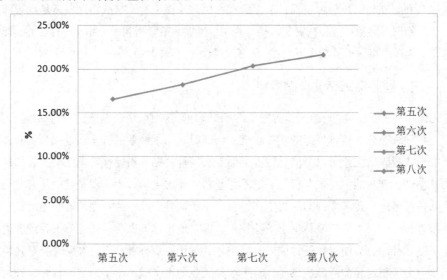

图5-1　第五至第八次全国森林资源连续清查森林覆盖率

从图 1 和图 2 可以看出，近 20 年来全国森林覆盖率和森林蓄积量持续稳定增长，森林资源总量不断扩大。经中国林科院依据第八次全国森林资源清查结果和森林生态定位监测

结果评估。2013 年，全国森林植被总生物量 170.02 亿吨，总碳储量达 84.27 亿吨；年涵养水源量 5807.09 亿立方米，年固土量 81.91 亿吨，年保肥量 4.30 亿吨，年吸收污染物量 0.38 亿吨，年滞尘量 58.45 亿吨。

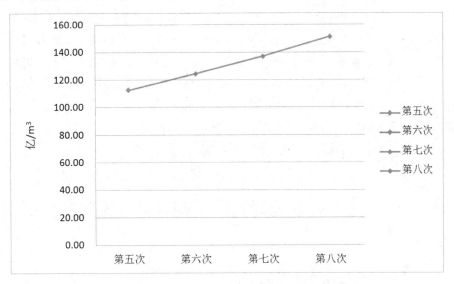

图5-2　第五至第八次全国森林资源连续清查森林蓄积量

（三）质量效果

我国的森林面积和森林蓄积量虽然在不断地增长，但单位森林面积上的森林蓄积量并未随着森林资源总量的增长而增长，反而呈下降趋势，反映出森林经营的总体水平仍在原地徘徊。虽然总蓄积量和森林总面积平均的单位面积蓄积量没有增加，但部分森林的单位面积蓄积量却有所增加。

林业公共政策的质量效果主要反映在第七次和第八次森林资源连续清查结果中。第八次清查结果与第七次相比，一是森林质量不断提高，森林每公顷蓄积量增加 3.91 立方米，达到 89.79 立方米；每公顷年均生长量增加 0.28 立方米，达到 4.23 立方米。每公顷株数增加 30 株，平均胸径增加 0.1 厘米，近成过熟林面积比例上升 3 个百分点，混交林面积比例提高 2 个百分点。二是天然林稳步增加。天然林面积从原来的 11969 万公顷增加到 12184 万公顷，增加了 215 万公顷；天然林蓄积从原来的 114.02 亿立方米增加到 122.96 亿立方米，增加了 8.94 亿立方米。其中，天保工程区天然林面积增加 189 万公顷，蓄积增加 5.46 亿立方米，对天然林增加的贡献较大。三是人工林快速发展。人工林面积从原来的 6169 万公顷增加到 6933 万公顷，增加了 764 万公顷；人工林蓄积从原来的 19.61 亿立方米增加到 24.83 亿立方米，增加了 5.22 亿立方米，人工造林对增加森林总量的贡献明显。四是森林采伐中人工林比重继续上升。森林年均采伐量 3.34 亿立方米。其中，天然林年均采伐量 1.79 亿立方米，减少 5%；人工林年均采伐量 1.55 亿立方米，增加 26%；人工林采伐量占森林采伐量的 46%，上升了 7 个百分点。森林采伐继续向人工林转移。目前，我国森林资源已进入了数量增长、质量提升的稳步发展时期。

当前我国已经形成以集体林权制度改革、林业五大转变、林业六大工程代表转型方向，森林资源保护、发展、利用三位一体的林业公共政策体系。集体林权制度改革是林业生产资料的改革，林业五大转变代表林业转型的具体方向，六大工程是林业转型的大型行动，它们是林业基本政策，森林资源的保护、发展、利用政策是林业公共政策的主体。财政是林业公共政策实施的保障性政策。林业公共政策实施的总体效果明显，森林资源总量不断增长，质量不断提高，森林资源总量增长的效果好于森林资源质量提高的效果。森林资源总量的增长主要体现为森林面积、森林覆盖率和森林蓄积量的增长；森林资源质量体现在林分结构、龄组结构、林种结构、树种结构、起源结构、采伐结构逐步优化。

第三节　方正林业局第五经理期森林经营效果分析

一、方正林业局森林资源概况

（一）林地资源

黑龙江省森工林区方正林业局施业区总面积为 203582hm²，其中：林地面积为 182717.6hm²，其它土地面积为 20864.4hm²，分别占总面积的 89.75% 和 10.25%；生态公益林面积为 158720.9hm²，商品林面积为 36410.7hm²，未区划面积为 8450.4hm²，分别占总面积的 77.96%、17.89% 和 4.15%。

林地面积中：有林地面积为 181926.6hm。、未成林造林地面积为 71hm²、苗圃地面积为 79hm²、宜林地面积为 80hm²、辅助生产林地面积为 458hm²、多经地面积为 89hm²，分别占林地面积的 99.57%、0.04%、0.04%、0.04%、0.25% 和 0.06%。灌木林面积为 3hm²、无立木林地面积为 2hm²，不占组成。

非林地面积中：农地面积为 16778.2hm²、沼泽面积为 143.5hm²、居民点面积为 1660hm²、水地面积为 441.5hm²、道路面积为 260hm²、其它面积为 1581hm²2，分别占非林地面积的 80.41%、0.69%、7.96%、2.12%、1.24% 和 7.58%。

按起源划分，有林地面积中天然林面积为 166751.5hm²、人工林面积为 15175.1hm²，分别占有林地面积的 91.66% 和 8.34%。

（二）林木资源

全局现有活立木总蓄积为 17379850m³，其中：乔木林蓄积为 16186728.5m³、亚乔木林蓄积为 19145m³、散生木蓄积为 498280.9m³、冠下亚乔木蓄积为 675695.6m³，分别占活立木总蓄积的 93.13%、0.11%、2.87% 和 3.89%。

有林地蓄积为 16205873.5m³，其中乔木林占 99.88%、亚乔木林占 0.12%。

按起源划分，有林地中天然林蓄积 14944637.8m³、人工林蓄积为 1261235.7m³，分别占有林地蓄积的 92.22% 和 7.78%。

二、第五经理期森林经营效果分析

依据本次森林资源经理复查统计数据与上次复查数据相比较。

（一）森林覆盖率提高

该局本次复查森林覆盖率为 89.36%，上次复查森林覆盖率为 87.69%，增加了 1.67 个百分点。上期《森林经营方案》确定森林覆盖率目标是 88.43% 超出 0.93 个百分点。

（二）总蓄积、单位面积蓄积量增加

本次复查总蓄积为 17379850m³，上次森林资源复查为 13037448m³，增长了 33.31%；有林地单位面积蓄积为 89m³，上次复查有林地单位面积蓄积为 70m³，增加了 27.14%。

详见《有林地单位面积蓄积表》。

有林地单位面积蓄积表　　　　单位：hm²、m³

项目	合计	幼龄林	中龄林	近熟林	成熟林	过熟林
1	2	3	4	5	6	7
上期初	70	48	75	97	120	144
上期末	89	61	88	103	122	177
相对比	27.14	27.08	17.33	6.19	1.67	22.92

（三）树种组成有所变化

该局现有林地针叶混交林、阔叶混交林、针阔混交林面积比为 7：86：7，蓄积比为 7：85：8。上次复查其有林地针叶混交林、阔叶混交林、针阔混交林面积比为 10：77：13，蓄积比为 25：54：21，无论面积和蓄积都是针叶混交林、针阔混交林减少，阔叶混交林增加。

（四）龄组结构改善

该局现有林地幼龄林、中龄林、近熟林、成过熟林面积比为 16：56：22：6，蓄积比为 11：55：25：9；上次复查各项有林地面积比为 43：33：19：5，蓄积比为 30：35：26：9，龄组结构大有改观，中龄林无论面积和蓄积都大幅增加，幼龄林减少。

详见《有林地各龄组面积、蓄积动态趋势表》。

有林地各龄组面积、蓄积动态趋势表　　　　单位：hm²、m³

项目		上期初	上期末	相对差%
1	2	3	4	5
合计	面积	178371	181926.6	1.99
	蓄积	12488557	162 o 5873.5	29.77
幼龄林	面积	77093	29747.5	-61.42
	蓄积	3727486	1823066	-51.09
中龄林	面积	58707	100822.7	71.74
	蓄积	4411018	8873594.8	100.92
近熟林	面积	33179	40019.5	20.62
	蓄积	3216384	4113066.2	27.88
成熟林	面积	8996	11081.9	23.19
	蓄积	1076550	1351007.5	25.49
过熟林	面积	396	255	-35.61
	蓄积	57 1 19	45139	-20.97

（五）分类经营结构变化

国家重点公益林划分后，重点公益林增加，其它减少。详见《分类经营结构面积动态趋势表》。

分类经营结构面积动态趋势表　　　　单位：hm²

项目	上期初	上期末	期差	相对差
1	2	3	4	5
局计	203582	203582		100
区划计	193777	195131.6		0.70
公益	136081	158720.9		16.64
重点	56753	105275.1		85.50
一般	79328	53445.8		-32.63
商品	57696	36410.7		-36.89
未区划计	9805	8450.4		-13.82

（六）各类蓄积变化

活立木总蓄积、有林地蓄积、散生木蓄积、冠下亚乔木蓄积增加，疏林地蓄积减少。详见《各类蓄积动态趋势表》。

各类蓄积动态趋势表　　　　　　　单位：m³

项目	活立蓄积	有林地	疏林地	散生木	冠下亚乔木
1	2	3	4	5	6
上期初	13037448	12488557	7144	351199	190548
上期末	17379850	16205873.5		498280.9	675695.6
期差					
净增率	33.31	29.77	41.88	254.61	

通过上述分析，黑龙江省森工林区方正林业局执行《森林经营方案》情况总的来看效果较好。按照黑龙江省森工总局的"四八四三"发展思路，该局能切实转换经营思想，充分发挥主观能动性。深化改革、锐意进取，积极进行产业调整，实现了由单一木材生产向多元化经济发展的转变，林业经济向林区经济转化，另一方面则有待加强人工林培育和森林抚育。

第四节　林业生态保护的规划设计分析

林业生态环境，直接关系着水资源、土地资源的发展，同时也影响着人们生存环境的质量，因此为了加强林业生态保护，需要对林业生态保护规划设计进行高度的重视。目前，我国经济市场的快速发展，在为广大人民群众带来更好的生活保障同时，也在浪费大量的社会资源以及破坏着人们依赖的生活环境，越来越严重的生活环境和林业生态破坏，逐渐成为社会各界关注的重点。为了保障林业生态发展的质量，林业生态保护规划设计成为生态文明建设绿色环境和环保工程的重要内容，在优化林业产业和环境的基础上，还能够为广大居民提供更加优质的生活环境。

一、林业生态保护现状

在我国经济发展初期，各行业和企业发展都处于懵懂阶段，相较于建设林业生态，人们更加重视经济效益，这就造成各行业整体生态环境保护意识薄弱，而随着生活质量水平的提高以及生活环境逐渐恶劣，其中以林业生态污染最受到社会各界的重视，我国也相继颁布了一系列有关林业生态保护管理制度，但是在实际应用中，会因为内部因素以及外部因素而出现各种问题，不仅无法真正改善林业生态环境，还会阻滞地方经济的发展，在这种情况下，有效的规划设计逐渐成为林业生态保护未来发展的基础工作，并占有着无可取代的重要地位，而在下文中将会结合实际林业生态发展现状，对林业生态保护规划设计的理念和内容进行叙述。

二、林业生态保护的规划设计

（一）规划设计理念

规划设计理念作为林业生态保护规划设计中的运行基础，其主要分为两部分：规划设计思想基础和规划设计方案理念。首先是规划设计思想基础，以往林业生态保护规划设计适宜如何改善和弥补为基础，而在新时代发展情况下，新型林业生态保护规划设计则是以可持续发展和绿色环保为基础理念。结合实际林业情况，选择目标更加长远、适合未来经济发展趋势的方案和体系，采用绿色环保材料在不破坏环境的提前下，建设适合林业生态发展的保护工程；再者，规划设计方案理念，抛弃以往只是单纯进行植树造林的林业生态保护理念，利用先进的技术和知识对林业生态保护工程进行重新规划，结合水利、草原、国土等建设综合性、科学化的生态保护工程，进一步扩展林业生态环境空间和发展方向，推动社会经济持续发展。

（二）规划设计内容

1. 落实生态项目

为了促进林业生态保护更好的发展，在规划设计中应结合造成林业生态污染和破坏问题，以及我国政府颁布的一系列政策和制度，以三项生态项目为主要落实和建设工程，主要包括：退耕还林、封山育林和绿色生态家园建设。过度开采森林资源、防火烧山以及利用大片土地资源作为耕地，浪费森林资源的同时，也会对土地资源造成破坏，退耕还林、封山育林，使得区域内植被得到有效的恢复，土壤质地有效养分含量氮、磷、钾等元素都会通过林业自身循环系统得到恢复；此外，绿色生态家园建设，其主要是对林业生态中的土地、植被、树木进行保护，是通过改变居民生活习惯，改善林业生态污染情况，以新型能源代替传统能源，采用新型绿色环保、可降解建材代替木质资源，减少森林资源的利用和浪费，促进林业生态进一步的发展。

2. 优化林业产业结构

虽然现代环保工程建设中将林业生态保护作为重要建设内容，但是由于没有详细的规划设计方案，造成在实际建设林业生态保护工程中，会出现各种建设问题和运行漏洞，进而工程运行无法达到环境保护效果；再者，林业生态保护项目并不是一项简单的工程，需要大量资金作为运行基础，对于一些经济较为落后的地区，没有经济能力支撑，因此，为了加强林业生态保护工程建设，并提供足够的运行资金，规划设计内容中可以对林业产业结构进行优化，除了限制性提供特殊木材以外，还可以建立林业旅游行业和森林资源林副产品行业，对于一些无法再恢复和使用的土地资源，可以结合当地特殊建设休闲建筑，而对于一些物产丰富则结合当地种植特色，将农业和林业相互结合，林业生态保护和经济效益共存，多元化、多样化丰富林业产业结构。此外，还可以扩展教育意义，同各个学校进行合作，让学生亲身加入到生态文明建设和林业生态保护中，提升其自身对林业生态环境的保护意识。

3. 完善管理和监督制度

除了以上两部分，林业生态保护规划设计内容还有最后一部分，就是对林业生态保护的管理和监督制度的完善，之所以现代林业生态环境如此恶劣，大部分的原因都是人为因素，即便我国政府针对林业生态保护颁布了一系列的制度，然而并没有匹配的管理和监督制度，使得制度仅仅存在于表面，无法真正落实在实际应用中。因此，规划设计中要完善相关管理和监督制度，首先广泛宣传林业生态保护对于经济发展的重要性，以及与林业生态有关的法律法规，改变居民传统行为中对林业开采的不当行为；集中管理影响林业生态环境发展的企业，制定和完善相关奖惩法制度，并建立专业的监督小组，定期进行工作和开采检查，一旦发现违规现象，严厉处罚，杜绝企业为了经济利益破坏林业生态环境；提升相关政府的检查技术水平，实时跟进林业生态发展情况，对数据信息进行总结分析，以实际情况为基础，采用不同的、更加适合的林业生态保护方案。

林业生态保护的目的，不仅是能够为人们生活提供更好的环境，还能够对其他资源起到改善作用，防止风沙化地区更严重的水土流失，进一步对水资源进行净化和处理，提升区域自然环境整体的自身修复能力，因此，要坚持以可持续发展、绿色环境建设为设计理念，真正落实植树造林、封山育林等综合治理生态项目的实施，除去不必要的产业环节，提升和创新林业生态保护规划设计的质量水平，促进我国居民生活环境的持续改善。

第六章　林业资源

第一节　浅谈林业资源培育与保护

在众多的自然资源中，林业是"地球之肺"的，是各地区林业生态系统重要组成部分，无论是在空气净化、固沙防风、水源滋养，还是在生物多样性的维持，以及固碳制氧方面，"森林"都发挥着非常重要的作用。为加强林业专项管理，总结凝练阶段性重大成果，把握和解决项目实施过程中的林业资源与生态问题，应着重林业资源培育及高效利用技术创新。

一、我国林业资源现状

在我国大众的传统印象里，我国"地大物博""青山绿水"，"林业资源十分丰富"。但实际上，依据《中国林业资源现状》报告显示，实际上，就"林业资源"而言，我国是一个"生态脆弱""少绿缺林"的国家。森林覆盖率水平远远不及全球平均水平，人均"林业资源占有量"更是全球平均水平的四分之一，"林业资源"储量不到全球平均水平的七分之一。并且，由于现实中没有合理的管理和控制"林业资源"，导致这些数据连年下滑。在最新的报告中，我国"林业资源"呈现低质量、低数量的特点，并且在全国范围内，"林业资源"的分布极度的不平衡。

为了能够长远的发挥"森林"作用，有必要从现在开始，加强对于我国"林业资源"的管理和控制。从规划开始，加强对于我国"林业资源"的培育和保护，是符合新形势、新时期，我国可持续发展战略的方式。并且，对于我国"林业资源"的培育和保护，更是发挥林业资源的生态、社会、经济效益，是促进我国林业资源长期可持续发展的重要途径。

二、我国林业资源的培育

（一）我国林业资源培育工作

对于我国"林业资源"的管理和维护工作，确保我国"林业资源"的可持续发展，其重要措施，除了进行"资源保护工作"之外，更需要从根本上解决，即，加强我国"林业资源"

的培育工作。当前，我国"林业资源"的培育工作主要有两种方式：

1. 播种造林

通常在面积较大种植中，一些林木工程会采取"播种造林"的方式。从经济成本的角度考虑，"播种造林"这种培育方式相对高效，并且过程简单。当然，这种培育方式要求很高，无论是林木的种子的品质，还是种植地的自然环境，都有着较为严苛的要求。例如，就林木的种子而言，要求做到高品质、颗粒饱满的同时，还需要适应干旱土质；就种植地的自然环境的而言，要求土壤含水量能够达到，并且满足一定的水平，同时土质要相对疏松。只有满足以上两种条件的情况下，才能确保播种的成活率，避免资源的浪费。

2. 分植培育

相比起"播种造林"的方式，采取"分植培育"的方式，操作尽管复杂一些，但是植物的成活率被大大地提高。所谓的"分植"就是指专业人员通过质量优良的母本树种的枝干，以"分植栽培"的方式，在环境较好的情况下，直接培育发展幼苗。这种技术能够大了的缩短培育时间，节约培育工具，在技术成熟的情况下，极大的提高培育成活率，当然，这种方式对于母体以及人员的技术也有着较高的要求。比较适合针对性的造林。

增加对技术研究的投资，以加快林业技术的发展，增加整个森林产品的技术含量，提高其生产效率和质量，继续创新，加强市场竞争力建设，建设高素质的专业技术队伍，重视培训教育，保持林业资源发展活力，充分发挥林业资源的作用和优势。并保证了现代林业目标建设的成功实现。

（二）林业资源培育措施

林业资源培育是对其进行保护和开发利用的前提，也是林业工作的首要任务。近几年，可持续发展理念不断深化。推动了林业资源培育工作的顺利开展。取得了相当显著的成果，但是依然存在滥砍滥伐、破坏生态环境等问题。林耗量也始终居高不下。在这种情况下。需要切实做好林业资源培育工作。

1. 引入先进技术

林业资源培育的相关措施主要是引入先进的技术，技术的引进是做好林业科技研发，提高土地资源利用效率的关键，也是推动林业产业在我国稳健发展的关键。知识经济时代科学技术是主要的生产力，在未来将会持续增加技术设备和技术手段的引进，主要的技术培育工作都包括播种机制、幼苗培育、林业病虫害的防治以及主要的先进播种技术的学习和传播。技术的学习是比较核心的，核心技术的学习能在短时间内快速提升工作效率，帮助在长时间段内稳步使经济效益增加。林业科研技术主要是以农林科技研发和先进的林业技术培养为主，以帮助促进林业资源的覆盖率面积提升，实现对土地的高效利用和林业资源的全方位管理。

2. 优化林业结构

现阶段，我国林业产业发展相对滞后，林业经营起步较晚，很多林业企业采用的依然是传统粗放的经营模式，劳动力是主要支撑，产业经营层次偏低。林业产品多数是初级加工产品，并没有能够将林业资源的优势充分发挥出来。在现代林业发展中，应该从林业产业的生态效益、经济效益和社会效益出发，结合林业资源保护和产业经营发展来实现双赢。对此，需要对林业产业结构进行调整。做好林业生产、林业加工和林业服务的三级发展，促进产业优化升级，将原本的劳动密集型产业转化为技术密集型产业。配合现代化管理办法，使得科技和管理在林业产业发展中做出更多贡献。而在林业产业调整中，应该加快对于速生林的培育，发挥其经济价值，将质量作为首要指标。做好不同树种的间种、套种工作，促进林木质量的提高。同时，应该继续拓展林业产业链及销售渠道，摒弃传统林业产品初步加工模式，做好林业产品深加工以及附加产品开发，提升销售渠道的层次性，构建起相对稳定的林产品市场，逐步实现林业产业保护与产业发展的良性循环。

3. 强调综合效益

林业资源对于整个森林的生态系统循环都比较重要，对维持整个生态系统的循环作用都十分强大，而且在未来也会产生持续性的影响。生态系统的维护是至关重要的，在未来关于林业资源的保护工作是首要的关键步骤，主要是关于林业生态综合效益，有关综合效益的增加主要是在未来将会对水体、大气以及土壤或者是整个生态圈都会有直接性的影响。林业资源在未来都会带来实际的效果，一方面是经济利益的增加，另一方面是维持整个生态环境绿色健康稳定发展，将林业产业保护和产业发展带来良性循环。

三、我国林业资源的保护

（一）我国林业资源保护工作

在我国"林业资源"的保护工作中，对于森林的管理以及养护，是有关部门的重要责任，并且，对于"森林"的管理和保护的实践，也是我国全体人民的责任。因此，根据有关法律法规和各种规章的要求，"林业资源"的管理和保护应充分发挥各部门的职能，提高各部门的运作效率。不断提高相关人员综合素质，确保森林管理工作高效有序进行。

为了实现我国"林业资源"的保护工作的切实展开，同时也为了保障我国"林业资源"保护工作的有效以及高效。要求各部门要依法行使权利，提高森林法意识，依法保护森林，严格执行森林法，依法惩处滥伐林木的行为，偷窃稀有树种，滥占耕地，砍伐森林等不良行为和违法行为。"林业资源"的管理和保护要加强与野生动物保护单位和生态监测单位的合作，共同促进"森林生态系统"的保护和发展。

（二）林业资源保护措施

1. 构建信息系统

构建强大的资源信息系统是保护林业资源的主要步骤之一，其强大的信息系统是确保园林工作的关键，而且在未来也会产生持续性的影响。针对我国的林业资源保护工作，强大的信息资源背景是保证能构建比较完善的林业档案的关键。在此主要全面的工作档案管理内容主要包括森林的总体位置、分布布局、生长发育情况等，将资源能够进行总体的划分，然后再根据具体的生长情况定期或者是不定期对相关内容进行信息的更新和分类，然后将林业资源的日常养护、日常管理以及日常保护工作、资源开发利用工作提供决策性的支持。

2. 协调部门职能

针对林业资源保护工作，主要的关键是统一协调部门职能，各部门的工作人员在开展工作的时候，要在合理分工有序的工作范围之内开展，而且也是为了提升部门的工作效益也应该做好部门各方面的管理工作。在未来的管理工作上要加大各部门之间的合作，其主要的形式是在展开工作的时候，各部门之间的联系要日益紧密，以维护和提升相关工作人员的综合素质，确保林业资源在日常的保护工作当中能够继续展开下去。在此方面，要继续加强与相关生态监控部门的合作关系，以及跟野生动物保护单位等具体方面的合作，在林业生态系统的维护工作上能起到至关重要的作用，保证其管理效果。

3. 注重分类经营

分类经营主要是为了加强对林业资源的管理，这是目前普遍最好的管理方法。在未来的工作上也会持续性的产生影响，主要的管理工作是依照不同的功能对林业资源进行划分，根据资源种类的不同要做到重点公益林"管好"，而在人工商品林的日常管理工作上要"管活"，在一般的公益林方面要做好"管住"。这些不同类型的功能划分能够有效在未来的管理工作上提升其服务保护措施，在未来将会产生持续性的作用和效果的增加。我国的大多数林业地区在分类经营和管理上并未实现协调统一，甚至在有些地方不存在林业分类经营，这种情况产生的原因是观念意识上的错误直接导致了行为上出现严重的偏差，不利于提高对林业的有效管理。因此在林业的管理上要加大对林业资源的分类管理和经营。

4. 加强森林病虫害及森林火灾等林业灾害防治

在林业资源的培育与保护中，除了人为因素外，自然因素也是威胁林业资源的一大因素。其中，自然因素除了地质自然灾害以及气象自然灾害外，对林业资源威胁最大的，就是森林病虫害以及森林火灾等。为此，在实践中，相关职能部门以及森林管护人员，需要配合有关部门，实现森林的动态监控；积极分析和监测历史上发生重大病虫害的林区和可能发生的林区，提前制定好应对策略，一旦发生病虫害灾害，将立即启动保护森林资源的应急计划；森林火灾防治是森林管道保护的重要内容，一旦发生，损失是非常严重的。各林区要加强森林火灾监测，提高森林火灾防治水平，加强演练，及时制止破坏。

总而言之，林业资源在国民经济可持续发展中占据了相当重要的位置，做好林业资源培育和保护，对于发挥林业资源的生态、社会和经济效益意义重大。林业部门应该及时更新观念，重视林业资源培育和保护工作，推动我国林业产业的稳健发展。

第二节　浅析林业资源的有效管理

林业资源与生态环境息息相关，对我国的经济和林业发展至关重要，而当下林业资源被浪费的现象屡见不鲜。因此，采取有效的林业资源管理办法来保护和管理林业生态资源是极有必要的。

一、提高造林技术

造林技术的提升要从落实造林前的准备工作着手。为了提升造林技术，保障造林成效，为造林绿化工作打下坚实的基础，组织林业技术人员深入基层进行调查，落实造林地块，编制作业设计，选定造林绿化树种，做到目的明确，重点清晰，安排细致，措施全面，充分利用村边、路边、水边等地理位置，为做好造林绿化工作打下了基础，确保了造林绿化工作的顺利开展。这一措施取得的良好造林成果恰好说明造林开始前的调查研究，确立目标是多么重要，造林前的一系列准备工作关系着造林的效果能不能达到较为理想的状态，也是提高林业造林技术的首要条件。

二、完善林业产业结构

一是建设绿化苗木培育基地。为了完善林业产业结构，需要重视建设绿化苗木培育基地，根据市场发展的需求，从经济价值及生态价值方面考虑，培育出优良的新品种，并对其生产技术和市场进行全面细致的管理，同时在经济效益较好的林区施行以林养林，使林业资源更丰富，促进林业产业的创新发展。

二是优化产业结构管理。要实现林业产业结构的优化管理，不能把焦点放在当前单一的产业结构上，而要适当运用替补产业，避免天然林业资源的过度利用。在发展第一产业的同时，还要重点加强对第二产业和第三产业的发展管理，确保林业资源的管理做到精细全面，坚决杜绝粗放管理的现象，使林业资源始终处在稳定健康，可持续发展的状态。

三是进行林业资源特色加工。结合市场实际需要和林区资源具体情况，可以适当对林业资源进行特色加工，使林业资源的利用率更高，用形式多样的林业资源产品来使林业资源得到有效利用，充分发挥林业资源的经济价值。根据林地实际情况，适宜发展旅游业的地方可以利用地理优势，利用林业资源发展旅游业，不仅可以有效减少林业资源因砍伐过量而遭到的破坏，还可以为林区带来经济效益。

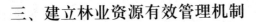

三、建立林业资源有效管理机制

一是提高林业资源管理队伍的专业素质。要实现林业资源有效管理，就必须首先提高林业资源管理人员的专业水平。对于刚开始的入职考核，就要极为重视林业从业者的专业水平，在入职后，还要加强对林业资源管理工作者的培训，提高从业人员的专业素养，并且通过各种专家讲座或者工作交流会议使其相互学习，从实践中积累经验。对于林业技术工作人员来说，当前需要通过专业的基层培训来提高地形图运用及地理信息系统应用的专业水平，通过不断实践交流，为进一步加强林业资源有效管理打下坚实的基础。同时，还要聘请优秀的专业人才加入到林业资源管理的队伍中来，为林业资源管理工作的有效实施提供保障。

二是建立考评机构。专业化考评机制除了对林业资源管理工作人员的技术和工作落实情况进行考核之外，最重要的就是对林区所生产的苗木及其种类的考核评。结合以往林业工作者在苗木品种选择和生产技术方面的经验，通过综合考评筛选出合适的苗木品种和最高效的生产技术，并将其运用于实际操作中，使林业产业结构不断优化完善，实现林业资源的有效管理，从而为林业的可持续发展打好基础。

四、加强生态公益林建设和保护，改善生态环境

区域内有公益林面积已初具规模，但需进一步提高质量。为维护和改善本区域生态环境，保持生态平衡，保护生物多样性等满足全县生态、社会、经济可持续发展的需求，必须加强生态公益林的建设与管护工作。将重点公益林保护和管理纳入领导干部任期目标管理责任状，加强领导与监督。将重点公益林保护和管理纳入领导干部任期目标管理责任状，加强领导。林业主管部门要依据当前林权改革的成果，完善管护形式，落实管护责任人，进一步明确管护目标和责任；要按照国家林业局《重点公益林管护核公益林管理办法》的要求，每年对本辖区重点公益林保护和管理情况进行全面检查，建立奖罚和责任追究制度，通过加强领导和监督，杜绝破坏重点公益林行为，保障重点公益林资源安全。

五、加强保护林业资源的宣传工作

当前，为了短期内获得可观的经济效益而大量砍伐树木的现象越来越普遍，导致林业资源面积大量缩减。因此，需要加大对林业资源保护的宣传力度，同时，依据相关法律条例对过度砍伐，浪费森林资源的现象予以严厉打击，可以通过电视、微博等新闻媒体向群众传播林业资源保护的重大意义，让群众充分认识到林业资源保护与自身的利益密切相关，主动配合和参与林业资源管理工作。

为了提高社会各界对林业资源在生态建设中的地位和作用认识，形成全社会关爱林业、保护森林的良好氛围，就必须加大宣传力度。一是要在林区入口处、管护范围四周立碑公示，

做到家喻户晓；二是要广泛利用广播、电视、报刊等新闻媒体的宣传优势，并采用办培训班、写宣传标语、印发宣传手册等群众喜闻乐见的形式，多侧面、多渠道、多层次地加强宣传；三是在兑现各种林业资金时实行张榜公布制度，扩大宣传的影响力，为林业资源保护和管理创造一个良好的社会环境，通过这种全民参与的方式来达到林业资源管理的目的，提高林业资源管理实效性。

六、采用多种措施，预防森林火灾

我国有着丰富的林业资源，做好林业资源的保护工作，对于保护我国生态环境有着重要的意义。在人类发展历史中，林业建设的一项重要工作，就是处理森林火灾，因此，做好森林防火工作是当前保护林业资源的重要措施。

（一）做好森林火灾的预防措施

近年来，森林火灾所导致的重大问题层出不穷，给环境以及人民的生命和财产安全都造成了巨大的影响。在以往的森林火灾案例中，因自然火源发生的火灾，占据的比重较小，而人为火源导致的森林火灾占多数。因此，加强森林防火管理，需要控制人为因素，严格按照管理标准，约束和管理人们的行为，制定好火灾预防措施。首先，要建立健全相关的管理制度，并且严格执行。其次，注重防火基础设施的建设，保证发生火灾时，有关人员能够及时赶到现场进行扑救，因此，做好预防工作必须做到以下两个方面。

1.制定预防森林火灾的行政性措施

森林防火机构要完善行政上的管理工作，在林业资源周边的居民区，要设置相应的防火、救火机构，制定防火制度。要严格遵循相关的国家法律，做到依法治火，严格按照国家规定，追究相关人员的法律责任。

2.制定预防森林火灾的技术性措施

预防森林火灾的首要任务，就是做好预警工作。在日常的防火工作中，工作人员需要实时监测森林火险情况。同时，森林防火部门应注重各地区防火设施的设置，在易发生森林火灾的地区，设置防火带，配备防火措施，保证发生火灾时，能够及时阻挡林火的蔓延，减少损失。

（二）强化组织领导工作，贯彻有效管理理念

林业资源作为我国自然环境的一个重要组成部分，对我国环境的构成有着直接的影响。在开展森林防火工作的过程中，关键是要提高工作的效率。因此，要加强对防火组织的管理，针对不同林业区，建立专门的林区防火组织机制。在此过程中，政府要发挥监督作用，明确防火责任，督促林业工作人员的工作。

（三）完善森林防火机制

现阶段，要做好护林防火工作，不能仅仅依靠某一个部门，而是要有关部门共同努力，协同合作。在森林防火工作中，各部门之间要加强协作，共同研究森林防火制度以及扑火、救火制度，依靠各部门的力量，将其落实至基层，形成有效、统一、有序的森林防火运行机制，这对于森林防火工作的展开有着重要的意义。

（四）做好防火宣传工作，提高居民护林防火意识

森林火灾大部分是人为造成的，要避免森林火灾的发生，提高林业从业人员的专业素质以及周围居民的防火意识是必不可少的。从接触森林防火工作的人员开始，有关单位要定期组织防火知识学习，提高防火人员的防火技能与防火意识。

（五）建立联防体系，加强建立专职队伍建设

加强林业防火专业队伍建设对于森林防火工作的展开有着重要意义。在现阶段的森林防火工作中，要组建具备专业防火、灭火知识的护林人员，不断提高紧急救火队伍的专业能力，切实做好预防火灾的工作。

在此过程中，相关部门要为一线工作人员建立防火实训平台，引入专业性的消防设施。在日常的工作中，要定期组织防火演习，保证有关人员以良好的状态处理火灾。林区相关单位也要注重各个地区的工作安排，不定期通报情况，安排相关人员深入森林防火工作中，加强防范。

做好森林防火工作不仅是对自然资源的保护，更是对人民生命财产安全的重要保障，所以相关部门和人民群众要共同努力，建立完善的森林防火机制。

第三节　浅析林业资源的保护与利用

随着我国经济的不断发展，对林业资源的需求也在不断增长，做好林业资源的保护能够有效储备林业资源，为更好的发展林业经济奠定了基础。但目前对林业资源的保护也存在着一定的不足，林业资源的保护与利用需要在不破坏、不消耗资源总量的同时，实现林业资源的自我更新。

林业资源是我国经济发展的重要物质基础，近几年，人们在不断追求经济利益的同时，往往忽略了资源的保护，各种影响生态平衡的破坏行为时有发生，森林为人类的生存提供了洁净的空气环境，也维持了人类的生态系统，为社会的可持续发展做出了贡献，做好林业资源的保护和利用是人类生存的需要，是社会进步的需要，也是经济发展的需要。

一、认清林业资源保护与利用的关系

虽说我们国家的森林资源的总储量较大，不过因为人口众多，所以每个人所占有的资源数量相对来看比较少，而且林区的布局不均，多集中于经济发展速度较慢的偏远地区。从地域上来看，南方区域较之于西北区域的林业资源要丰富得多。合理保护林业资源是林业经济可持续发展的前提条件，是林业资源开发利用的基础。林业的开发利用要防止过度，过度将对林业资源造成破坏，而林业资源保护过度也是对资源的一种浪费，也阻碍了林业经济的发展，具有双面性。所以在林业资源保护和利用问题上，要适度和规范，才能持续发展。在林业资源保护和开发利用上要统筹规划，始终紧密结合林业资源的现状和保护效果，有针对性的开发利用，林业资源保护与利用是相互依赖，互相依存和统一的关系。

二、我国的林业资源保护和开发现状

（一）林业资源的开发利用

我国地大物博，有着丰富的林业资源。林业开发在经济发展中占有非常重要的地位，起着有力的保障作用。其开发主要用于建筑业、装修业、家具制造业、餐饮业和造纸业等生活用品材料业，这些都属于消耗型用材，从生产、加工、上市、销售都为国民经济创造了巨大的财富，是国民经济增长的支柱性产业，具有经济效益高、用量大、循环使用率低、污染与浪费严重的特点。林业资源虽然能给社会带来巨大的经济效益，但是在开发利用的过程中也存在着一些问题。

1. 后续力量不足

在林木资源使用中，大多会选择熟龄树木进行砍伐，造成了森林资源龄组比例失调，再加上林木生长速度缓慢，导致后续力量无法跟进，出现"青黄不接"的现象。

2. 过度开发林市资源，造成生态环境恶化

裸露土层经常年雨水冲刷、风吹暴晒、霜冰冻裂，使表层土壤贫瘠，沙化严重；水土流失，造成泥沙淤积，堵塞河道，环境恶化，灾害频繁。

3. 大量野生动物被猎杀，森林物种濒临灭绝

森林中的物种形成自然生物链，由于人类无节制地满足自身欲望，对大量野生动物进行猎杀，作为餐饮业暴珍异珍的美食、皮毛装饰行业的奢侈品、养颜补身的名贵药品，致使很多珍稀物种濒临灭绝，破坏了生物链条，影响了大自然的生存发展。

4. 只顾眼前利益，只采不育

由于林业资源的培育、种植时间较长，见效慢，花费大，所以资源的开发者大多只盯准眼前既得利益，而不顾长远的发展，只采不育，走竭泽而渔的经济模式。

5.管理粗放，品种单一，经济效益差，技术含量较低

已开发的林木果园虽然开发面积较大，但是管理粗放，不重视土壤肥力的培植，常年种植低产量的单一品种，造成土壤有机质缺失严重，单薄贫瘠。另外，不注重科学技术的应用，造成林木产量低、品质差、经济效益差、林副产品产值不高等现象。

6.资源利用率低，造成不必要的浪费

林业资源大多停留在初级产品加工，不能依据材质进行充分利用，造成了森林资源大量的浪费。例如我国是一次性筷子生产量最大的国家，每年消耗一次性木筷 450 亿双，消耗木材 166 万 m^3。按每加工 5000 双，消耗一棵 30 龄杨树为标准，全国每天生产一次性木筷要消耗森林 $6.67hm^2$，1 年高达 0.24 万 hm^2。这种低利用率的初级产品加工无疑造成资源的不必要浪费。

7.林业资源加工进出口效益呈现较大差异

由于我国对林业资源的加工大多处于初级阶段，而且集中体现在量上。虽然也形成了可观的出口效益，但是相对进口而言，这些原材料经国外深加工后，以不菲的价格又进入中国林业成品市场，用林业原始资源量的效益抵对林业资源深加工费用，这其中形成的买卖差价实际上造成了中国林业资源明赚实亏的局面。与此同时，中国出口的经济利益是建立在破坏生态效益之上，两者相比较显得更加得不偿失。

（二）我国的林业资源保护和开发工作现状

在发展林业的过程中，保护工作是一个非常关键的工作，不过目前我们国家的林业保护工作和开发工作的状况不是很好。具体来看有四个方面的体现。

第一，林业机构未设置合理的管控体系，未精确划分工作者的权责，这就导致了保护工作过于形式化，没有实际的意义。

第二，当前的管理体系不是很完善。管理体系的欠缺使得资源保护工作的质量不高。只有建立完善的管理系统，才可以确保管理工作有据可依，有章可循。但是目前我们国家的林业机构并没有完善管控体系，当资源破坏问题出现之后无法在第一时间查到责任人，进而使得资源得不到合理的维护。

第三，没有高度关注管理工作。最近几年，由于经济的快速发展，使得林业资源被大量的消耗，而其再生的速率明显的跟不上它的消耗率，所以资源匮乏现象非常突出。不过相关机构并没有意识到该问题，没有积极地开展资源保护工作，浪费现象非常常见。

第四，当前的林业开发工作开展的不是很到位，欠缺力度。众所周知，林业资源不单单能够带给我们生态价值，而且还能够体现出强大的经济性能，比如林下种植等，都可成为行业的发展方向，不过目前在开发资源的时候力度不够，这就导致严重的浪费问题。

三、林业资源开发利用与保护的原则

经济要发展，资源要利用，生态要保护，所以林业资源的开发利用与保护要做到经济、环境、资源的和谐发展。

（一）坚持"双向"适度原则

开发利用的过度对资源的破坏是不言而喻的，所以林业资源得到合理保护是林业经济发展的基本前提。但是保护过度也会阻碍经济的发展，造成资源的堆积与浪费，不利于资源再生，因此要做到"双向"适时适度，促进长久化、合理化、规范化发展。

（二）坚持结构匹配发展原则

开发利用要以林业资源现状为依据，把握发展方向，对较多资源进行大力开发，对资源较少或消耗殆尽的资源要保护或禁止开发。资源的保护也要针对开发利用需求大的，加大栽培种植。如适地培育用材林地、经济林地、防护林地，以达到最大量的供给需求，一方面调整林业经济发展结构，另一方面调整林业保护与繁衍的结构，使其二者结构相匹配。

（三）把握相辅相成原则

合理的开发与利用要针对资源的本身因物制宜、因地制宜的开发。以生态发展为原则，注重对自然资源的保护和自然生态系统的平衡维护，以保护为前提保障资源的可持续利用。以多样化为原则，根据不同用途的林业资源，使开采出来的资源具有针对性、实用性。实行谁投资、谁受益，谁破坏、谁治理的政策。林业资源不仅有经济价值，还有维持生态平衡与保护生态环境等多重功能，林业的防护还能产生巨大的社会效益与间接的经济效益，所以要把握生态效益、社会效益并重的原则，促进和谐发展。

（四）遵循可持续原则

正确处理好森林资源开发与生态保护的关系，坚持可持续发展原则，找到二者维系之间适度的平衡点，建立一个平稳和谐的经济、社会、生态结构，维系一个既有利于当代经济的发展又造福于子孙后世的体系，从而推动国民经济的健康、持久的发展。

四、林业资源保护与开发利用策略

作为一种意义重大的资源，林业资源的存在为国家的经济发展做出了非常巨大的贡献。特别是当前阶段，由于国家的经济处在快速发展时期，因此更要积极开展资源保护活动。合理的运用保护和开发策略，保证资源的存在价值能够被很好地体现出来。

（一）强化宣传林业保护与开发意识

广大群众的生活离不开森林，当前时期我国的林业资源保护和开发工作开展的不是很到位，有许多的弊端存在。所以在具体的开展工作的时候，一定要做好宣传，确保广大群众能够意识到资源保护的意义所在，使得领导干部群众能够在日常工作中加强对林业资源的保护和节约，降低资源破坏问题的发生概率，而且，还要积极开展林业产业方面的知识宣讲工作，从而使得林业产业发展水平得到提升。

（二）加强森林保护

1. 加强林业资源保护过程中的执法力度

我们在判定资源保护活动开展的是不是到位的时候，多会联系到相关的监督机构，分析其执法的力度如何。林业资源保护工作是否得到落实，与森林利监管部门的管理执法的力度有很大关系，作为执法机构一定要做好执法工作，确保林业资源相关的管控工作能够被人们所重视，能够在日常工作中加强对各种林业资源破坏和浪费问题的解决。尤其是要加强对林业资源管理过程中发现的各种不规范行为的整治，一旦发现不按照规定开展林业活动的人员一定要严厉惩处，只有这样才可以确保破坏活动不会再次发生。

2. 不断完善资源管理系统

林业资源管理体系的建立和完善，是确保林业资源得到有效保护和充分利用的一个重要前提，也是森林部门在进行林业资源保护与管理过程中应该重视的问题。具体开展资源管理工作的时候，一定要做好监督工作，像是自然保护区创建工作，必须要强化监管力度，确保其建设工作符合规定，要统一规范，制定一套标准、可行的管理方案，合理分配每个机构和工作者的工作内容，确保保护工作可以很好地落到实处，从而使得林业资源得到充分利用。

3. 加强对林业资源的开发利用

当我们开展资源保护以及开发工作的时候，一定要合理的配置资源，确保更多的人民群众可以享受到资源带来的好处，解决资源布局不合理的问题，切实发挥出其经济性特征。在强化资源利用率的时候，一定要高度关注林业产业，做好林业经济开发工作，只有这样才可以增加资源附加值，才能够确保环境不受影响，才能够真正地提升经济水平。

首先，坚持采育结合、采造结合，持续开发利用。近几年，有些林区森林资源不注意保护，破坏现象严重，对资源的恢复、保护和发展是林业部门急需解决的问题，要站在营林的角度，通过"采育结合、采造结合"的办法，加大营造林的力度，将有计划地开采和幼林培育相结合，将科学开采与造林技术相结合，通过建设混交林、功能林等措施，合理规划采伐和培育，改变单一生产的局面；坚持适地、适时的强化经济林和防护林的培育，使林业经济发展结构与资源繁衍目标相一致，有效促进林业资源可持续发展；积极探索采伐后剩余物的综合利用项目，使一些枝材也能被利用而不是被堆积在山上造成浪费；加大自然保护区的建设，保护生态环境，防止环境的恶化，提高采护意识，强化资源的保护和合理的开发利用，有效控制合理的森林采伐量是加强林业发展的有力措施，在为国家输送大量的商品木材的同时，加强养护管理，对提高林业经济效益具有积极的现实意义。

其次，坚持因物制宜、因地制宜开发利用。要加强自然资源的保护和生态平衡的维护，强化生态发展意识，实施多样化建设，坚持谁投资谁受益属权政策以及谁破坏谁治理的处罚手段，使林业资源的保护和开发实现经济一体化，将生态效益和经济效益、社会效益有机结合起来，促进资源和人类生存的和谐发展。

对于林业来讲，只有积极开展资源保护工作，才能够确保其有序发展，才能够体现出林业的存在意义和价值。虽说我们国家的林业资源的总储量非常大，不过因为人口众多，导致了人均的占有量较小。林业发展工作中面对的阻碍较多，在具体的保护资源的过程中还有很多的问题，与此同时，对资源的开发工作开展的也不是很到位。所以，作为林业工作者，当前工作的主要任务就是完善管控体系，制定合理的规章制度，切实提高广大群众的资源保护意识，做好资源开发工作，确保资源能够被合理的使用，最终起到带动林业健康稳定发展的作用。

第四节　自然保护区林业资源的保护与开发利用

林业资源是一项非常重要的自然资源，对于经济发展和环境保护都具有十分重要的作用，对林业资源进行科学合理的开发能够对我国的经济发展和生态文明都起到促进的作用，有利于实现可持续发展，增强林业资源所带来的经济效益。

随着社会经济的不断发展，人们对于精神生活的追求不断提高，旅游产业繁荣发展，而自然保护区由于具有良好的生态环境和自然风光而受到了广泛的欢迎。对自然保护区的林业资源进行合理的开发，对于自然保护区自身生态环境的建设和发展都会产生良性影响，促进其生态环境的和谐发展，充分的发挥自然保护区的经济效益。

一、开发和保护自然保护区林业资源的重要意义

随着可持续发展战略的提出，我国社会对于生态环境的保护工作越来越重视，对于林业等自然资源也产生了新的认识，在发展经济的过程中也更加注重协调经济建设、社会建设、政治建设、生态建设以及文化建设之间的协调发展，提升社会整体的发展水平。在建设生态文明的过程中，提升生态产品的生产力是一个十分关键的环节，其对于保护生态安全和增强环境自身的调节能力，建设健康生态都具有十分重要的意义。加强对自然保护区林业资源的保护并对其进行合理的开发，是当前我国生态文明建设的重要手段之一。林业资源是

地球生态系统中的重要一环，在生态系统中也占据着较为主要的地位，是地球中的天然氧吧，除此之外，林业资源对于人类而言也是十分重要的自然资源。而站在生态学的角度来看，林业资源对于保持生态平衡而言也具有十分重要的作用，对林业资源进行保护，能够有效地防止水土流失和沙尘暴等自然灾害，对于储存水分、净化空气和调节气候等也会产生良好的效果。而站在经济发展的角度来看，保护和开发自然保护区的林业资源能够为人们提供更好的旅游资源，满足人们的精神需求，对于经济的发展也会产生推动作用。

二、自然保护区的林业资源保护遇到的问题

随着我国社会的飞速发展，城市建设的越来越好，人们住惯了鳞次栉比的高楼大厦，看腻了城市里的车水马龙，会越来越向往大自然，向往那远离喧嚣的一片祥和。然而，让人痛心的是，我国目前自然保护区的林业资源保护依然遭遇许多棘手的问题。

（一）人类对自然保护区林业资源的开发程度过大

由于林业资源的经济性，人们往往对其进行大量开发而换取经济利益，加之有关部门对这种现象的检查力度不够大，使那些破坏森林的人更加猖狂，开发程度大带来的损害远远超过人们的想象。由于自然保护区的生态调节能力有限，长期受到程度较大的破坏，这些林区的生态环境极为脆弱，产出氧气吸收二氧化碳的效率大大降低，空气质量下降，人们患上各种疾病的概率也会提高。除此之外，森林涵养水源的能力下降，会造成水土流失，土壤质量下降，如此恶性循环下去，对整个城市乃至全国的生态环境都是巨大的破坏。

（二）旅游对自然保护区林业资源的破坏

由于大部分林区都发展变为了旅游景点，建设的完备性以及壮丽的自然景色受到了广大人民的喜欢，然而，这种旅游业的发展却带来了一系列的问题，由于人们在旅游景区不严格遵守文明行为的规定，一些人随意在山坡上乱丢垃圾，而且由于地形地势的影响，清理难度非常大，这些垃圾严重影响了旅游景区的生态文明建设。旅游带来好处的同时，这些问题也应该引起人们的重视。

（三）自然因素的危害

自然保护区的林业资源由于它与其它树林的差异性，其生物链也是不同的，人为的介入使自然保护区林业资源更加脆弱。自然因素的危害如：虫害，天气，降水等不可避免地会危害自然保护区的林业资源。这样可以通过一些选树苗，技术等可以稍稍避免这些问题。

三、促进自然保护区林业资源的保护与开发利用的策略

自然保护区林业资源的保护与开发是当前的一个重要问题，当下，对林业资源的保护

存在着许多问题和不足之处，这就需要提出一系列的解决策略来解决这些问题。

（一）增强对自然保护区林业资源保护和开发的重视程度

要对自然保护区的林业资源进行保护和开发利用，首先要提升对于林业资源的保护意识，除了有关部门要对其加以重视之外，还需要提升社会整体，即每个公民的环保意识，才能为林业资源的保护工作提供有利基础，推进生态文明的建设。在对自然保护区的林业资源进行保护和开发时，首先要制定一系列的林业资源保护计划，开展林业资源保护工作，在自然保护区的森林区域增设巡护工作，对可能存在的安全隐患进行排查，以及完成日常的森林维护工作；其次，一定要明确森林资源对于人类发展的重要意义，清楚地认识到保护林业资源的重要性，将维护森林安全以及保障树木的健康成长作为日常工作的重点；再次，观光游客和保护区的相关人员都是会对自然保护区的林业资源产生影响的主要群体，因此提升这两类人群的环保意识对于保护林业资源而言也具有十分重要的意义，在自然保护区中设置一些提示标语并进行相应的宣传工作，以提示游客不要在观赏过程中对林业资源进行破坏，相关工作人员也需要及时进行观察和提醒。总的来说，保护自然保护区的林业资源的最根本原则就是要保持生态平衡，提升经济效益。在进行林业资源保护的过程中，需要注重降低自然保护区自然灾害的发生概率，以防止由于自然灾害而对林业资源造成严重的损害。除此之外，还需要严格防范由于人为原因而导致的火灾等灾害，一定要增强对森林火灾的防治工作的重视，对森林防火动作进行积极地宣传。

（二）加强对森林病虫害的防治工作

病虫害对于林业资源而言会产生很严重的影响，对于林业资源的质量也会造成影响，因此在对自然保护区的林业资源进行保护时，一定要病虫害防治工作加以重视，保障自然保护区林木的健康成长。要做好病虫害的防治工作，需要从以下几个方面着手：首先，要加强对于林业资源的监管，对树木的成长状态进行严格的监控，将虫害对林业资源的影响控制在合理的范围内，不影响树木的正常生长和森林质量；其次，一定要注重森林的生物多样性，重视对树木自身恢复能力的培养，不要进行过多的人为干预，要通过一些手段来提升树木自身的抵抗能力，提高树木的质量，在进行病虫害防治时，不要过度依赖化学手段，通过喷洒农药等方式治理；再次，在进行病虫害防治工作时，需要落实可持续发展战略，将自然保护区的旅游业发展和林业资源的保护进行有机结合，促进经济发展和生态文明的共同进步，适应当前时代的发展。

（三）对自然保护区的林业资源进行高效开发

对林业资源进行合理的开发和利用对于促进社会经济的发展以及生态文明的建设都具有积极地影响，而且能够有效地提高林业资源的利用效率。在对自然保护区的林业资源进行开发和利用时，需要注重以下一些问题：其一，需要具有先进的技术，能够有效提高对于林业资源的利用率并且保障林业资源的可再生率，能够对林业资源的生长状况进行及时的监控，确保其质量；其二，要对林业资源的开发进行科学的规划，不要出现由于过度开发而对林业资源的自我恢复能力造成影响，使得林业资源难以再生；其三，要坚持可持续发展战略，将保持生态平衡，维护自然保护区的环境健康作为开发林业资源的最基本原则，不要以破坏生态平衡为代价，去换取经济的发展；最后，对于自然保护区那些没有植被覆盖的区域，也要进行合理的保护和开发利用，建立起一个系统性的生态体系。

（四）提高相关建设的投入及政府的干预

加强生态环境的建设一直是政府工作的重中之重，国家针对环境保护的建设已经投入了大量的人力、物力、财力，并制定了一系列的政策和法律法规，力图改变当下的环境现状。但是，自然保护区林业资源的保护和开发利用仍然面对着很多问题，保护落实不到位，开发利用不能有效进行等。所以，相关部门和政府机构还应该进一步针对问题，提出相应的规定，规范相关人员的行为；同时，根据现有问题和状况，加强对森林整体工作的管理，对弱项工作进行进一步的资金和技术的投入，让相关建设迈上一个新的台阶。例如，森林的防火问题十分重要，失火对森林造成的破坏极大，有关人员应该健全森林的防火工作体系，采取多种预防和灭火的方案，以便突发情况时使用。

总的来说，在对自然保护区的林业资源进行保护和开发利用时，一定要坚持可持续发展战略，积极对保护林业资源进行宣传，增强相关人员以及游客对于林业资源保护和生态保护的重视程度，加强病虫害防治力度，保障树木的健康成长，提升其质量并加以高效利用。

第五节　林业资源在生态建设中的重要作用

生态建设的主体就是林业建设，在我们建立生态文明的过程中，林业建设占据着非常重要的地位，所以，我们应该尽最大的可能发挥林业建设的最大的作用。这篇文章立足于生态文明的基础之上，分析并讨论了林业建设的重要性，对于如何完善林业体制做出了详细的分析，对于生态文明建设具有非常重要的作用。

一、林业在生态文明建设中的重要作用

无论文明以怎样的趋势发展，不管文明发展到哪个阶段，这都与生态紧密相关，在生态建设中，森林的角色又相当重要。在林业建设中，森林是管理对象，也就是主体。在生态文明的建设过程中，林业是不可或缺的，同样也是不可取代的。

一是森林在我们的生活和生产中都发挥着不可替代的作用，被人们称作"地球之肺"，湿地亦是不可或缺的，被人们称作"地球之肾"。林业恰到好处地可以保护森林和湿地，

在建设生态文明的过程中，发挥着不容小觑的作用。在我们建设生态文明的过程中，林业的责任非常重大，不仅要保护森林和湿地，同时也要改变荒漠。在全球范围内，森林的面积在逐年递减，土地沙漠化的现象越来越明显，水土流失频繁发生，洪涝灾害也与日俱增，空气变得越来越污浊等，十大生态危机对我们的生命造成了巨大的伤害和损失，在十大危机中，有八大危机都与林业紧密相关。对此，《中共中央国务院关于加快林业发展的决定》明确指出："在贯彻可持续发展战略中，要赋予林业以重要地位；在生态建设中，要赋予林业以首要地位；在西部大开发中，要赋予林业以基础地位"，并提出要"确立以生态建设为主的林业可持续发展道路，建立以森林植被为主体、林草结合的国土生态安全体系，建设山川秀美的生态文明社会"。

二是在我们文明发展的过程中，森林扮演着非常重要的角色，在生态文明的建设过程中，林业是不可或缺也是不可替代的，发挥着主体作用。建设生态文明的基本要求就是牢固树立生态文明观。森林中孕育了灿烂多彩的文化，比如竹文化、花文化、野生动物文化、湿地文化、茶文化等，这些文化正体现了我们对自然的敬畏，体现了我们人类与大自然和谐发展的局面。我们极力建设生态文化，可以让全社会认识到自然的发展规律，让人类更加深刻地了解生态知识，树立人与自然和谐发展的观念；政府部门也要做出相应的调整和改变，使每个决策都要有利于生态建设，能够促进人和自然的和谐发展；我们可以不断发展科学技术，与时俱进，不断开拓创新，使资源利用率大大地提高，更好地使生态得到改善。在生态建设中，林业不仅仅要担当重任，还要冲在最前面做出示范，不仅仅要创造出丰富的物质成果，还要创造更多的生态文化成果，使生态建设更加繁荣，使人与自然和谐发展的观念深入人心，为全社会营造一种人与自然和谐相处的氛围，从而促进生态文明建设发展。

二、促进林业发展新思路

立足于我国的林业建设，相比较而言，林业发展还很滞后，在经济迅速发展的今天，林业发展无疑是短板。我们要依据生态建设规律，综合考虑，调整我们的管理思路，对林业分类进行管理，实施用大工程的发展带动林业建设的发展战略。为了更好地实施这个战略，我们必须坚持以生态效益为先，兼顾生态效益、社会效益和经济效益，大力发展经济，带动林业建设的发展，不仅仅把林业当作产业，还要把林业当作公益事业；森林资源不能无偿使用，我们应该实施有偿使用森林资源的策略；大力支持退耕还林政策；保护天然林，可以采伐人工林。

（一）在建设生态文明的过程中，要把林业建设放在首要位置

为了使我们民族的发展空间更大，最大限度地发挥林业建设的优势，在生态建设过程中，必须把林业建设放在首要位置。这样，我们就可以兼顾生态效益、社会效益和经济效益，使三者紧密地结合在一起，我们不能像很多发达国家一样，先为了经济效益使环境遭到破坏，

之后再想尽办法恢复生态环境。我们要用可持续发展的眼光看待生态文明建设，合理地制定规划和策略，大力促进林业的建设和发展。

（二）运用政府的作用制约人们的行为，推动林业建设

我们根据不同的森林主导利用目的，把林业分为商业林业和公益林业，对于这两大类，我们要采用不一样的资源管理制度和管理体制，这是一个全方位的改革，涉及林业建设的各个方面。公益林属于公益事业，所以应该属于公共财产范畴，由政府管理和经营，使森林建设成为一个有机的整体，使森林生态功能等级不断提高；商品林绝大部分是靠企业经营管理，我们可以把商品林推广到市场，政府应该给予一定的支持和帮助。政府和企业分工合作，资源管理、市场信息服务和宏观调控等方面应该交给政府管理，其他的能够降低企业的任务，政府应该放开手，使林业建设得到最大限度的发展。

（三）调整林业建设布局，让发展快的大工程带动发现相对之后的林业建设的发展

我国的生态建设发现相对落后，在未来仍然存在着巨大的发展空间，我们可以利用大工程的发展带动林业建设的发展，这样就可以在较短的时间内实现生态文明建设

（四）实施更优惠的林业政策，大力发展非公有制林业

当前，在我国的社会主义初级阶段，林业建设发展速度非常慢，在国民建设中，这无疑是一个薄弱环节。我们必须坚持以生态效益为先，使生态效益、社会效益和经济效益有机地结合在一起，我们制定的林业建设政策必须与我国的国情相适应，要用一种优惠的政策促进林业建设的发展。在我国的林业建设中，非公有制林业是重要的组成部分，在当前的林业建设中，发挥着重要的作用，也是促进林业快速发展的突破。

（五）建立稳定的森林生态效益补偿机制

现在是市场经济，在市场交换过程中，经济效益并不能够得以实现，所以，还需要国家和社会给予经济补偿。使森林生态的经济效益制度更加完善，开发多种渠道，为森林的生态建设筹备资金，建立补偿机制，使经营者的经济效益得到保障。

第六节　林业资源数据特征

随着大数据时代的来临，林业资源数据开始由传统意义的信息系统管理对象转变为一种基础性资源，以对用户透明的信息服务方式实现跨部门、跨行业的信息共享和业务协同。目前对林业资源数据的基本认识尚未形成共识。

近 30 年来，很多学者在林业资源信息系统的构建、集成和应用等方面开展了大量研究，涉及森林资源 GIS 软件、森林经理调查、林业资源管理、保护、统计、分析、预估、评价和决策等。这些研究主要是通过构建一个动态变化的、以管理者为主导的"物—信息—人—物"闭环控制系统，其实质是一类管理信息系统（management information system，MIS），林业资源数据是 MIS 的管理对象，为林业资源管理业务的全过程提供信息，进而利用信息流管理物流，实现林业资源的优化管理和配置。近年来，我国林业信息化已由"数字林业"步入"智慧林业"发展新阶段，面临着云计算、物联网、移动互联网和社交网络等新一代信息技术全面应用的新格局，大数据时代已经来临 MIS，林业数据正以前所未有的速度不断增长和累积，林业资源数据管理势必进入数据密集型科学阶段，这就需要构建一个体现"物—信息—人"三者之间互动和协调的开环控制系统，其实质是一种信息管理系统（information management system，IMS），林业资源数据已不再仅仅是传统意义下的管理对象，而是作为 IMS 中的一种基础性资源，以对用户透明的信息服务方式实现跨部门、跨行业的信息共享和业务协同，为林业业务过程各个环节提供反馈和管理决策支撑，促进林业业务领域内各类业务问题的协同解决。

不论林业信息化处于何种发展阶段，林业资源作为自然资源系统的重要组成部分，林业业务属于社会资源系统的一个分支，两者均需通过林业资源数据这一类知识资源进行联系，进而形成自然资源、社会资源、知识资源的整体协同和互动。因而，林业资源数据是林业资源和林业业务的核心枢纽，是林业信息化的核心内容之一。但是由于种种原因，目前尚未对林业资源数据的本质、特征和运动规律形成统一的认识。

一、林业资源数据的本质

（一）林业资源数据的界定

数据与信息有一定的区别和联系。"数据"是"信息"的载体，"信息"是存在于"数据"之中对应用者有价值的抽象内容。例如，数字形式的全国森林资源二类小班调查结果是数据，而森林资源的面积、蓄积和覆盖率则是由调查数据数值所表达的信息。林业资源数据是数据的一种类型。从林业资源经营管理过程中数据流的角度来看，林业资源数据是指在一定时空范围内，利用各种数据采集、传输、交换、汇集、处理、存储和分析等技术手段，对森林、荒漠、湿地及生物多样性资源进行系统观察、测定、分析和评估而获取的，能有效反映此 4 类林业资源实体及其历史、现状、动态及趋势等时空过程状态属性。其核心在于突出反映林业资源本体及其演替过程和时空分异特征，同时，也强调了林业资源数据的流动过程和规律。

（二）林业资源数据的来源

林业资源数据属于林业数据，而林业数据来源于各类林业业务过程，由林业业务过程中形成的各类数据构成。因此，结合林业总体政务目标，可以对林业主要业务进行初步分析。

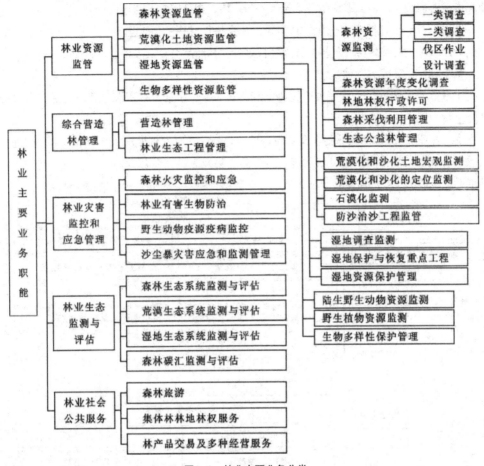

图6-1　林业主要业务分类

林业业务可分为5大类：

①林业资源监管，主要解决"资源分布在哪里、质量如何"的问题，实现对森林资源、荒漠资源、湿地资源和生物多样性资源的有效监管。包括森林资源监、管、荒漠化土地资源监管、湿地资源监管、生物多样性资源监管；

②综合营造林管理，主要解决"林子造在哪里，保存率如何"的问题，对重点工程的营造林实行一体化管理，全面掌握生态工程建设与社会造林绿化成果，包括营造林管理和林业生态工程管理；

③林业灾害监控与应急管理，主要解决"突发事件发生在哪里，危害程度如何"的问题，实现对林业灾害进行有效的监测、预警预报、应急处理、损失评估和灾后重建，包括森林火灾监控和应急、林业有害生物防治、野生动物疫源疫病监控、沙尘暴灾害应急和监控管理；

④林业生态监测与评估，主要解决"陆地生态系统的健康状况、生态服务能力和价值

如何"的问题，为林业生态工程建设与管理提供依据，包括森林生态系统监测与评估、荒漠生态系统监测与评估、湿地生态系统监测与评估、森林碳监测与评估；

⑤林业社会公众服务，全面、真实地向公众提供林产品、生态文化产品等分布及保护利用信息，包括森林旅游、集体林林地林权服务、林产品交易及多种经营服务。

基于林业业务分类，林业数据可分为2大类：

①林业资源数据，主要来源于林业资源监管业务，包括森林资源、荒漠资源、湿地资源和生物多样性资源数据；

②林业业务数据，主要来源于林业资源监管之外的其它4类业务过程，包括营造林数据、生态工程数据、集体林林地林权数据、林产品交易及多种经营数据等等。进而，基于林业数据和林业业务之间的内在联系，以林业资源数据为核心，设计了林业数据循环圈。

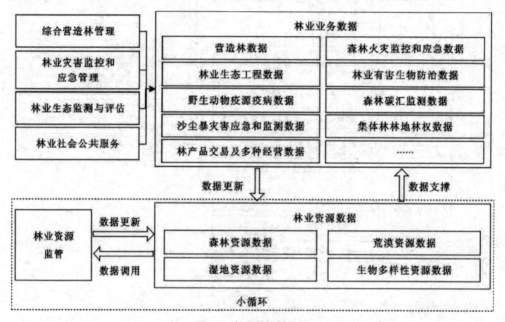

图6-2　林业数据循环圈

林业数据循环圈由小循环圈和大循环圈交互作用构成：①林业资源监管一方面调用历史监测数据开展各项林业资源管理活动，另一方面通过资源监测活动不断更新林业资源数据，形成资源数据的时空序列，这构成了林业资源数据与林业资源监管业务的小循环圈；②林业资源数据为林业资源监管之外的其它4类业务提供数据基础和支撑，反之，此4类业务过程中会增加、修改、删除各类林业资源数据，成为林业资源数据的另一个主要来源，构成了林业资源数据与林业业务数据的大循环圈。在林业数据大小循环圈中，林业资源数据在林业业务过程中得以持续积累和更新，构成了林业资源数据的主体内容。

（三）林业资源数据的分类

依据林业资源数据的来源、性质和作用，每一类林业资源都涉及 2 种数据。①监测数据，主要反映林业资源实体过程状态属性，属于林业基础数据；②管理数据，主要反映林业资源经营状况，为经营管理服务，属于林业管理数据（表 4-1）。

表 6-1　林业资源数据分类

大类	子类
森林资源数据	国家森林资源连续清查数据 森林资源规划设计调查数据 伐区调查设计数据 森林资源年度变化数据 森林采伐管理数据 征占用林地数据 木材运输证数据 木材加工许可证数据 林权管理数据 生态公益林管理数据 标准、文档、技术规程等综合数据
荒漠化资源数据	全国荒漠化和沙化土地类型数据 全国荒漠化气候类型数据 全国沙尘暴监测数据 京津风沙源治理工程建设数据 标准、文档、技术规程等综合数据
湿地资源数据	湿地调查数据 湿地监测数据 湿地专项调查数据 湿地重点工程数据 湿地自然保护区数据 标准、文档、技术规程等综合数据
生物多样性资源数据	陆地野生动物数据 野生植物数据 自然保护区数据 标准、文档、技术规程等综合数据
元数据	森林资源数据的描述数据 荒漠化资源的描述数据 湿地资源的描述数据 生物多样性资源的描述数据

表 4-1 中，林业资源数据主要采用 2 种数据表达形式：①结构化数据，基于关系数据模型构建，以空间数据（矢量数据、栅格数据）、属性数据和统计数据为主，目前多使用空间数据引擎和关系数据库系统相结合的方式进行存储与管理；②非结构化数据，以文档、多媒体、网页数据为主，目前多使用文件管理方式为主。

二、林业资源数据的典型特征

从数据组织管理的角度来看，可把记录作为林业资源数据的最小单元，同种类型的多个记录构成一个林业资源数据集，而若干个数据集以不同目的、标准和特征有机地在物理空间或逻辑上组织形成数据库。本研究探讨的林业资源数据的粒度是林业资源数据集。而且，基于林业资源自身特性，结合大数据的"4V"（规模性 volume，多样性 variety，高速性 velocity，价值性 value）特性，从 5 个角度来分析林业资源数据的典型特征。

（一）分布式特征

分布式特征是指在物理上分布于各处的林业资源数据，基于林业资源时空分异规律、特征和过程的相关性，通过计算机网络在逻辑上统一管理，以对用户透明的方式按需提供数据服务，即，林业资源数据存储、组织、更新、分析和挖掘等呈现"物理分散、逻辑集中、分布透明"的特点，主要表现在 4 个方面。

1. 数据形成过程

我国林业资源分布广阔，林业资源数据是对林业资源时空特征和演替过程的描述，在时空分布上，属性是时间和距离的函数。则林业资源数据在时间、空间和属性上都存在空间分异，而且空间定位特征是林业资源数据区别于其它数据的重要标志之一。林业资源的时空分异和演化过程与特定区划这一背景条件密不可分，某一特定区域内的林业资源特征数据可自然构成一个数据集，而相对于其它数据集则是独立的，这势必导致林业资源数据内容呈天然分散性特征。

2. 数据采集过程

我国林业部门多以行政区划结合林业区划为单位在不同的时空尺度下开展数据采集和汇集，区域性特征极为明显。目前，国有林区行政管理层次为：国家林业局、省林业总局、林业管理局、林业局、林场；集体林区林业行政管理层次为：国家林业局、省（自治区、直辖市）林业厅（局）、县林业局、乡林业工作站。林业资源数据获取在不同级别的区域尺度上进行，其区域分布特点和数据生产者的区域背景都决定了数据必然呈现天然的水平和垂直分布式特征。

3. 数据组织管理过程

林业资源数据的物理存储、组织、更新和维护都是由分布于各级、各地的林业数据库实现的，无论是在数据库技术上，还是在实际数据需求上，都无法将全球或全国的各类林业资源数据统一集中管理，尤其是数据更新过程更是需要各级林业部门分别进行，才能完成林业资源特征和演化过程的动态表达，进而提供数据实时性。

4. 数据处理分析过程

持续监测和积累的林业资源数据需要高性能的计算过程以满足数据服务需求，基于云计算和大数据理论与技术，目前切实可行的方案是把林业资源数据分割成多个数据块或小文件，分布式存储在一组计算节点中，由计算节点同时承担存储任务和计算任务，即计算任务部署以数据分布为中心，在数据存储位置进行计算，可有利于提升数据访问和服务部署效率，而且在任务执行、节点迁移、失效处理等方面都具有强大优势。

（二）多尺度特征

尺度是林业资源数据表达的一种非常重要的因子，一般指资源的实体、结构和过程表达的空间相对范围和时间相对长短。一般地，尺度与信息密度呈现负相关，但非等比例变化。林业资源数据的多尺度特征表现在三方面。

1. 空间多尺度

由于林业资源数据本身抽象并综合了地理空间真实特征和过程，则参照不同的空间范围，可把同一林业资源的空间分异规模划分为不同的大小，进而形成同一资源的不同空间层次。林业资源数据所表达的空间范围是多样的，也即存在多种空间尺度，并可根据林业资源实体的空间相关性、分异特征和演化规律，表达不同尺度下林业资源实体过程状态分布及变化规律，反映空间特征和实体属性相应变化过程。

2. 时间多尺度

林业资源的生长与消耗有其自然节律性，各类林业资源监测周期各不相同，各监测要素的表达和变化都与时间紧密相关，导致林业资源数据具有时间多尺度特征。而时间尺度与空间尺度存在一定的关联性，往往呈现正相关性，则林业资源数据会呈现不同时间分辨率下区域性、多层次的动态变化特征。从时间序列的角度来看，连续性是一个相对概念，而且林业资源本身具有周期性，实际操作中不可能获得真正意义上的连续观测数据，多用某一细小时间粒度下的状况代表某一时段的均值。因而，虽然林业资源数据会呈现周期性，但是放到一个相当长的时间范围内，仍然可以认为是连续性监测，可反映出资源实体过程属性特征。而且，在物联网和移动互联网环境下，大规模智能终端和传感器自动化采集的小数据会持续不断地送达，且仅在特定时空中才有意义，而通过传统数据查询与处理方式得到的"当前结果"可能已无价值，会影响决策准确性和效率，这就决定了大数据环境下的时空尺度更为细微。此外，时间尺度研究与空间尺度密不可分，只有融合了时间和空间这两个维度，才能更好地表达林业资源内在的时空过程和特征规律。

3. 语义多尺度

尺度问题研究中，空间尺度和时间尺度研究较多，而语义尺度研究较少。林业资源数据的语义用于表达林业生态系统中各类林业资源的含义及逻辑关系，具有林业的领域性特征，是数据转化为信息的载体。一般地，语义有2种分辨率：集合语义分辨率和聚合语义分辨率。

林业资源实体及其过程语义的详细程度可以通过语义尺度来刻画，表现为层次性和连通性。对于层次性而言，同一林业资源实体存在不同程度的语义抽象，表现为不同层次的专题数据，这与林业资源时空监测粒度和表达层次相关；而且基于一定的原则和林业资源内部机理，可以把一些林业资源实体综合成更高层次上的林业资源实体。对于连通性而言，则表现为同一林业资源实体在不同尺度上表达的内在联系，同时，由于林业资源空间信息表达效果与语义密切相关，语义尺度还受到时空尺度的制约。

（三）海量特征

林业资源数据的海量特征与分布式和多尺度特征密切相关，常常通过计算机中的数据存储空间这一指标来衡量，体现在 2 方面。

1. 传统意义下的海量特征

相比于一般的二维关系属性数据，林业资源数据内容主要表现为矢量地图、栅格数据、遥感影像和 DEM 和和传感器数据等二维和三维时空数据，其自身呈现一定的海量特征，常常从 TB 级别跃升到 PB 级别。据统计，我国荒漠化 / 沙化与石漠化土地资源每期调查约 600 万条，存储量 3t；湿地资源每期调查约 70 万条记录，存储量 1t；野生动植物资源每期调查约 50 万条记录，存储量 2t；国家林业局政府网每年发布信息 5 万余条；全国林火监测数据每年 5 万条，年热点静态数据量 50G，年火场视频数据量 1t；有害生物年防治数据 60 万条，数据存储量 0.6t。据估算，至 2015 年，我国林业数据库服务器 TPCC 需求总量达 22 万条记录，需存储 21t 的基础地理数据和遥感数据，31.5t 的工程建设数据，服务器存储需求为 63t。

2. 大数据环境下的海量特征

随着物联网、3S 和移动互联网等信息技术的演进和应用，林业资源数据的来源和种类会不断增多，除了传统的遥感、GIS 和数字采集终端等数据源外，传感、多媒体、地理位置服务数据、短报文数据已经成为林业资源数据的新来源。大数据背景下，林业资源数据的空间分布范围更广，时间尺度更为多变，时效性更强，数据量更大，处理速度更快，这些必然导致林业资源数据量大且增长快，PB 级别乃至 EB 级别将是常态。

（四）多源异构特征

多源和异构是林业资源数据结构复杂性表征的 2 个密切关联的特征。随着林业资源监测需求和信息技术的发展，除了地形图、遥感影像、地面调查、标准和技术规程等传统数据来源外，博客、众包、社交网络 SNS、自发式地理信息 VGI 和基于位置的服务 LBS 等新型信息服务方式不断涌现，传感、多媒体、位置 POI、短报文等内容成为新数据源。在不同来源的数据中，结构化数据、半结构化数据和非结构化数据大量并存，数据语义表达各异。而且，林业资源在不同空间尺度下表现为多专题层次结构，再结合时间尺度和语义尺度，形成了多维立体式结构特征，而不同层次间具有相关性，共同构成林业资源空间信息整体，均在很大程度上制约了林业资源数据的集成与共享。

如果上述原因是林业资源数据多源异构特征的先天主导因素，国家、省、市和县等各级林业部门之间缺乏有效信息交流渠道与共享机制则是此特征的后天人为因素。一方面是因为针对不同目标构建的各类林业信息系统的信息分类和编码标准各异，同一数据的形式和语义表达可能不同；另一方面是由于在很多非技术因素作用下，林业资源数据往往限制在局域网内部，甚至更小范围内专用，并未面向社会共享，同一林业资源的信息表达和语义特征可能并不一致。我国从"九五"期间就开展了林业资源数据共享的多个相关项目研究，最有影响力的最新成果是林业科学数据中心，可为各领域注册用户提供权限范围内的国家、省、市和县的森林资源统计和分布数据、林业生态环境数据和森林保护等 8 大类别 50 多个林业资源数据库。在一定程度上解决了多源异构特征带来的共享问题，但是在时间尺度、空间尺度和专题层次上能够获取的共享数据完全受限于数据汇集的能力和用户权限。

三、林业资源数据的运动规律

林业资源信息管理是林业资源经营管理过程的灵魂，主要是围绕着林业资源数据的形成、传递和利用而开展的各项活动，可分为 2 个阶段：①林业资源数据形成阶段，以数据产生、记录、收集、传递、存储、处理等活动为特征，形成可利用的资源数据；②林业资源数据开发利用阶段，以数据资源的检索、分析、挖掘、评价和利用等活动为特征，实现数据资源的价值，达到信息管理目的。

林业资源数据在林业资源信息管理和林业资源经营管理之间的交互作用下循环运动，形成了数据流，体现了林业资源数据的运动规律。

林业资源数据在"物—信息—人"3 者构成的开环控制系统中共享、流动和反馈。林业资源数据主要来自于林业资源的调查监测成果，外部环境数据和其他信息系统的数据服务亦会提供辅助数据。各类林业资源数据经过采集和更新处理过程，存入时空数据库中，利用时空数据技术进行高效管理；同时，根据经营目标的不同，时空建模过程会存在差异，也会影响资源数据状态。最终通过空间数据接口为林业资源信息服务系统提供数据资源服务。林业资源信息服务系统是林业资源信息管理的核心，与决策者、经营目标、相关信息系统、林业业务应用系统和社会公众之间进行信息交互，服务于林业资源经营管理过程。进而，决策者根据经营目标和获取的林业资源信息，结合林业经营相关政策、规范和法规制定经营决策方案，而在方案编制过程中，由于外部环境对林业经营决策起着至关重要的作用，必须综合分析国家、区域和社会对林业经营管理的生态、经济和社会需求及依赖程度，重点考虑水土保持、生物多样性保护、地力维持、森林健康维护等生态因素；居民生产生活、利益相关者权益、森林生产力和森林多目标经营效益等经济因素；社区服务、社区就业、森林文化、宗教价值等社会因素，以生态、经济、社会三大效益统筹兼顾和协调发展的经营理念确定经营战略，才能科学合理地实施林业经营管理过程，从而改造林业资源，使其与人类发展和谐共存。

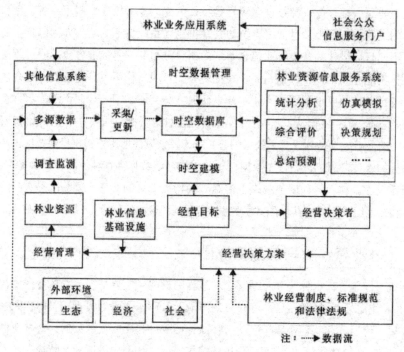

图6-3 林业资源数据的运动过程

在我国由"数字林业"步入"智慧林业"的历史进程中，对林业资源数据的本质、特征和运动规律的有益探索，有助于统一基本认识，进而服务于林业资源信息服务体系构建。为林业资源数据集成、共享和综合应用政策制定提供理论依据，并为林业资源时空信息挖掘和知识发现奠定相关基础，最终促进林业资源、林业业务和林业数据的协同与互动。

第七章　林业管理

第一节　林业管理可持续发展对策

林业是我国资源结构中的重要部分，随着人们生活质量越来越高，植树造林开始被广泛关注。基于生态文明的林业管理就是指在现有资源下，遵守自然规律，不过度索取大自然中的资源，合理进行资源保护，实现可持续发展的目的。但由于过去的滥砍滥伐以及对生态环境的破坏，导致林业资源减少，自然灾害频发，所以提升林业管理水平，促使林业可持续发展刻不容缓。

一、我国林业管理可持续发展中存在的问题

（一）管理较为落后

由于我国的经济体系在不断更新发展，经济市场也在不断扩大，许多企业都更加注重经济利益，而在发展的过程中忽略了生态环境的保护工作。同样，林业管理在过去也将经济利益摆在首位，忽视了具体的管理工作，导致大量植被被破坏，某些地区沙漠化严重。随着国家对林业的重视，林业部门的管理也在深化改革，摒弃以利益为中心的思想，致力于植树造林工作中去，但由于林业管理技术不成熟，再加上管理理念和思想落后，导致林业资源恢复进度十分缓慢。在生态文明背景下，林业管理已经从单一的管理变为了可持续发展模式，但由于管理理念滞后，林业管理人员普遍对于生态文明没有完整的认知，所以很多时候会出现心有余而力不足的情况。同时，我国的林业管理还没有健全的管理系统，管理缺乏科学性和合理性，在遇到问题时不能及时解决，限制了林业的发展。这样的管理模式不仅无法有效改善我国林业情况，且还会出现资源浪费现象，不能准确的实行可持续发展战略。而且，在林业资源管理过程中，种植、养护以及培育工作都需要一定的资金支持，当政府不能及时提供经济支持时，就会出现资金链断裂的情况，进而影响林业管理。

当前，我国林业管理人员存在老龄化现象，这是由于社会没有大力重视林业管理，以至于年轻人对这方面的接触相对较少。但现有的老龄化员工没有及时更新思想，传统观念根深蒂固，仍采用传统的方法进行种植管理，且缺乏一定的专业性，导致林业管理水平很难

得到有效提升，使得我国林业发展一直停滞不前，不利于生态文明下林业管理的可持续发展。

（二）科技水平滞后

我国林业目前除了管理理念滞后外，科技水平也有所不足。相比较发达国家而言，我国的植被种植采用的还是传统方法，特别是在对幼苗的管理上，使用的一些养护方法比较落后，幼苗存活率不是很高。在幼苗出现虫害时，没有先进的监测设备进行实时监测，主要依靠人为观察，不仅工作效率低下，且无法对问题幼苗进行及时治理。同时，我国林业管理还是没有实现机械化和智能化，而是普遍采用人工管理，不仅会加重员工的负担，而且会影响林业经济的发展，尤其是当员工的专业水平不够时，就会出现浪费资源的现象。此外，当前林业管理相关设备不足，当林业种植出现问题时不能及时解决，还要临时采取解决办法，这样的模式也是不可取的，也影响了我国林业的发展。

二、林业管理可持续发展对策

可持续发展的重要内容是由经济、社会和生态三方面构成的。促进管理林业可持续发展也是建设生态文明的主要途径。因此，林业管理需要得到社会、企业和政府三方面的共同支持。

（一）更新林业管理理念

林业管理想要达到可持续发展目的，就要更新林业管理理念。一是要从多方面考虑，对于人员的分配要合理，全面落实对管理人员的监督工作，要求员工在其位谋其职，不能把林业管理当作看守林园来对待。相关部门也可以通过科技化方式来远程监督管理人员，以保障林业管理的效率。二是应加强对林业管理的宣传，让人们认识到环境保护的重要性，认识到林业管理不仅是要种植植被，更是为了改善环境。相关部门可以定期开展社区林业讲座，或是在大街小巷中设置宣传语，加深人们对我国林业发展的了解，营造良好的环保氛围。除此之外，还可以通过网络、媒体等来进行宣传，也可以征集人们对于管理办法提出的意见和建议，以此来不断更新林业管理办法，让林业管理变成人们口口相传的事情，提升社会的参与性，实现全民参与林业资源管理的新模式。三是一定要提升林业管理的严谨度，对于可砍伐和不可砍伐的地区要有明确划分，严厉禁止滥砍滥伐的现象，对违规者也要进行严格的处罚。对于可砍伐地区，相关部门也要做好把关和监控，要有计划地定期实施砍伐项目，且砍伐后要制定相应的种植计划，不能只砍不种，也不能少种乱种。林业资源监管部门需要做好抽样工作，定期对伐区展开全面检查。此外，林业管理人员要做好监测工作，预防可能发生的森林自然灾害，当灾害来临时要及时止损。与此同时，还应该经常对林业管理工作人员进行培训，并根据实际情况及时更新培训内容，促使林业管理与时俱进。

（二）提升林业资源的质量

建议林业部门强化对森林资源的保障力度，借助现有法规政策为指导方针，顺应当地资源和经济发展现状，构建适合推动的管理方案，同时针对乱伐树木等行为进行惩治，提高违法成本，强化对违法者的约束，通过增强监管力度来保障现有的森林资源。针对人工造林幼苗死亡率较高等问题，可以派遣专家进行实地考察，核查死亡原因，针对性地完善造林技术，提高幼苗的抗逆性。与此同时，林业部门也可以结合药物和人工预防喷洒相融合等形式，从源头上防治病虫害，在提升幼苗成活率的基础上，提高森林的整体质量。

（三）优化林业产业结构

促进林业管理可持续发展的外部保障是优化产业结构，对产业结构的优化也可以提升经济效益。要以市场需求为主导，积极对内引进先进的人工林培育手段，同时也要改革产品生产模式和结构，加强新产品开发和研究力度，由传统低层次原料加工转变为高层次深加工的产品。当地也要加大发展林业第三产业的力度，比如可以开发林业旅游新型项目来增加附加值，结合目前产业优化等趋势，淘汰落后企业，培育新的领头企业，以点带面优化生产布局，完善林业产业架构，健全林业产业链。

（四）改革林业经济体制

改革林业经济体制也是提高林业现代化、实现可持续化的主要途径。在改革经济体制过程中，要顺应市场外部体制的需求，尽可能地符合林业整体行业的特点。建议政府机关构建促进林业发展的法规政策，融合社会效益化和可持续发展的原则和理念，对林业企业进行管理和指导；清晰地界定林业产权等问题，使林业资源在开发应用上更具市场化，实现社会效益和经济效益的平衡；要提高林业企业自主经营的能力，林业部门要顺应当代企业制度的内容，调整林业企业管理对策，构建完善的企业制度；政府也要适当加大对林业管理的扶持力度，营造外部良好的政策环境，促进林业管理工作的发展。

（五）构建林业生态评价体系

构建完善的林业生态评价体系可以保障林业经济发展具备生态效益，此评估体系可以客观、合理地对生态效益进行评价，调节生态效益和经济效益的平衡。在评估体系各个指标的建立上，也要求植物和生态环境专家提前对区域生态环境、人文环境和森林质量进行调查取样，构建完善的评估机制，为林业管理科持续发展提供参考。

（六）完善防护制度，强化监督管理

林业管理工作的重点内容是对管理防护制度做出完善。林政资源和林业保护两方面的内容共同构成了林业管理内容，林权、砍伐、林业经营是林政资源管理的内容。因此，若

要强化林业管理力度，一是构建多层保护的管理体系，明确内部各管理人员的义务和权限，使其认知自身所承担的责任，强化管理工作人员的积极性；二是提高对森林资源的保障和管理力度，严格控制砍伐限额，并针对林业运输和管理等工作强化监控，严厉打击乱砍滥伐、非法占林等行为，为林业的可持续发展奠定基础；三是健全林业管理防护制度。基础职工是生态文明建设的现实执行者，他们自身综合素质水准的高低都直接决定最终的管理工作效率。因此，建议林业管理部门构建管理防护机制，在其中明确各职工的权责，真正实现林业管理和监督相结合，建议与企业内部员工签订所属的维护协议，不定期地针对员工的维护和管理行为进行考核调查，适当地融合激励奖惩制度，这样不但可以调动工人工作积极性，也会提升工作质量。

建议林业管理机构要认真分析目前经营和监管存在的不完善之处，在顺应林业资源特征和经营现状的基础上，有针对性地采取管理对策。在完善产业结构、提高森林资源质量、构建评估机制以及改革林业经济体制等四大方面做出协调发展，更好地促进我国林业工作的可持续开展。

第二节　做好林业管理方法探究

近年来，随着我国经济的发展和综合国力的不断增强，可持续发展已成为国家和人民重点关注的问题。而林业作为我国可持续发展的重要基础保障资源，对于我国的可持续发展发挥着不容忽视的影响，因此，加强对于当前我国林业管理中存在的问题的重视程度，采用合适的策略解决这些问题从而促进我国的健康可持续发展至关重要。

林业资源是保障我国健康可持续发展的重要资源，所以做好林业资源的保护工作，将可持续发展的理念引入到林业管理中来已经成为当前我国在林业发展方面的重中之重。目前，我国的林业管理和发展情况虽然受到了高度的重视，但仍然存在着一些问题需要解决，这就要求我国林业相关的工作人员正面这些问题，并制定出可行之策，从而使得林业管理更好地发展并且能够促进我国的健康可持续发展。

一、当前我国林业管理中存在的问题

（一）林业模式单一制约林业经济发展

目前，我国林业管理虽然得到了广泛的关注并且有了一定程度的进步，但在可持续发展中仍然存在着一些问题需要解决。当前我国林业管理在可持续发展中出现的主要问题之一就是林业模式单一制约林业经济发展。在我国目前的林业发展中，林业资源的产权分配属于国家公有制，这样的分配方式虽然保证了国家在林业资源方面的绝对权益，使得国家更好地掌控了林业资源，但无疑使得林业市场的发展速度较慢，没有充足的发展动力，并且给林业资源融入市场增加了很大的阻力，不利于促进我国经济的发展。在这种情况下，我国林业资源的发展前景不容乐观。所以说，改变这种单一的林业模式，使得我国的林业市场更加的具有竞争力和活力迫在眉睫，因此，林业模式单一制约林业经济发展是我国当前必须要面对的重要问题。

（二）林业资源的保护监管力度不强

目前，为了促进我国林业资源的发展，使得林业资源得到有效的保护，我国已经建立了相关的林业资源的监督部门，并且派出相关监督部门的工作人员对于违法征地、毁林垦地等破坏林业资源的行为进行了监督和监管，但这些监督部门在平时的工作中并没有充分发挥自身的监管作用和监督职责，对于工作不够积极主动，对于林业资源缺乏监督力度，对地方政府的不重视林地用途管理制度、占用林地等行为的监督和监管还没有有效落到实处。这就使得我国的林业资源的发展受到一定程度的阻碍，在国家难以全面关注到每一个林业产地情况下难以充分发挥每一块林业产地的作用。

（三）林业采育比例失衡

当前我国的森林资源的采育比例出现了一定程度的失衡。这主要是由于我国的森林资源的用量较大，我国对于各种木材的需求较高，这就使得未来满足木材市场的需要，大量的森林资源被砍伐，但在森林资源被不断使用的同时，木材的利用率却不高，很多的木材在砍伐过程中被丢弃，造成了木材资源的浪费，增大了森林开采率。与此同时，我国在砍伐森林资源的过程中并没有将森林培育工作落到实处，使得林木生长速度非常缓慢，远远达不到我国对于木材的需求程度。长此以往，必将使得我国的森林采育比例失衡，不利于我国林业资源的培育以及国家的健康可持续发展。

（四）林业生态机制未得到有效补偿

林业生态机制的有效补偿，就是自愿的使用者在利用自然资源的同时，应对于自身得到的价值和利益以合适的方式回馈给自然，从而使得自然与其的资源使用者输入和输出的关系平衡。或者说，对于自然资源的开发在使用自然资源的同时，应给予培育这些自然资源、为这些自然资源付出劳动者一定的价值补偿。但目前我国存在的普遍问题是自然资源的利用者对于这些资源的利用远远大于其应有的价值输出，而我国对于这个问题的法律机制还不完善，长此以往，必将造成资源利用和培育的不协调。

二、做好林业管理的方法分析

（一）提升领导重视程度，改变单一的林业发展模式

我国林业管理的相关领导要做好林业管理的相关工作，组建专门的机构对林业资源的市场发展情况进行统计和分析，从而制定出最能促进林业资源市场发展、焕发林业市场活力的相应方式，为我国林业发展奠定更加坚实的保障。除此之外，我国林业管理的相关部门领导人要探求更加合理化的林业资源的所有权方式，改变单一的林业发展模式，从而使得林业资源的市场更加的多元化，在这种多元化的发展模式下焕发林业资源的市场生机，为林业资源的发展市场提供源源不断的动力，从而也能够更好地促进我国经济的发展。

（二）加强林区的监督监管工作

加强林区的监督监管工作主要要求我国林业资源的监管部门对于地方乱砍滥伐、过度采伐的行为进行严格的监管，一旦发现这种问题要严肃处理。这就要求我国林业资源监管部门的工作人员加强自身责任感，充分认识到自身的责任，明白自己所处岗位的重要性，在工作中充分发挥自身的工作积极性并且为其他工作人员树立良好的榜样。只有在林业资源监督的工作人员充分热爱自身工作的前提下，才能更加有效地杜绝违法征地、毁林垦地等破坏林业资源的行为，督促地方政府完善林地用途管理制度、避免地方政府的占用林地等行为，从而促进我国林业资源的发展。

（三）鼓励资源培育，降低林业采育比例失衡程度

相关单位应充分认识到森林资源培育的重要性，在工作中充分调动自身的积极性，努力为国家的森林培育工作做贡献，使得我国的森林资源的采育工作能够尽快实现均衡，处于相当的水平。除此之外，由于目前我国木材资源有一定程度的浪费现象，浪费了森林资源，所以，国家要加强对于木材商等的教育和引导，使得木材商能够增大森林资源的利用效率，在林业资源的开采中尽量避免木材资源的浪费，充分发挥每一根木材的用处，使得森林资源能够得到有效利用，这对于促进我国森林的采育平衡来说也非常关键，能够更好地提高我国林业资源的利用率，促进我国的健康可持续发展。

（四）继续加快科技兴林的发展步伐，不断调整林业的经济结构

在当前我国科技迅速发展并且广泛应用到社会发展的各个方面的情况下，在林业管理中引入现代的高科技技术成为我国林业发展的大势所趋。通过科技兴林能够明显提升我国的林业资源的培育效率，大大提高我国林业资源的培育力度，使得我国的林业资源的采育更好地达到平衡。并且，通过科技兴林能够减少人力在林业资源培育上的输出，有助于促进林业生态机制的有效补偿。

第三节 生态林业管理现状及改良策略

随着经济的发展，各个行业的发展也非常迅速。但是，在经济发展的过程中也制造了一定污染，对生态环境造成了破坏，使得森林覆盖面积逐渐减少，为了保护生态环境，相关部门需要提升生态林业管理的水平。

一、生态林业的含义

生态林业是指在发展林业的同时，要遵循生态学和经济学的原理，林业的发展要结合当地的自然条件，充分利用当地的自然优势，在不破坏生态环境的前提下，加强林业建设，使人与自然达到高度的统一，让自然资源在被人类利用的同时，最大程度地保护自然环境，从而实现经济效益的最大化。一般情况下，生态林业主要包括两个方面的内容，分别是山区的生态林业和平原地区的生态林业。山区林业的发展要结合山区自身的优势，因地制宜，在发展的过程中可以和当地的特色、特产结合起来，对产品进行深加工，从而形成产业链，在实现经济发展的同时，又能够进行生态环境的保护。以湖北英山县为例，林业建设结合当地的发展优势，大力发展建设油茶、木本药材、金银花、山桐子、茶叶、香榧等经济林，兑付产业奖补资金208万元，并给付产业经济补偿金。此外，还进行林药、林果、林菜、林禽、林畜等复合型示范经营，全县已经建成经济林面积45万亩（含茶叶25万亩），增加了林业经济的产值，实现了农民的增产和增收。支持四季花海、天马寨等森林旅游景点发展壮大，大力提升了全县的旅游产值，使得林业发展步入到快车道。平原地区的生态林业主要是用于保护生态环境，在平原生态林业发展中采取的主要措施是轮封，实现的经济效益较小。这两类生态林业都是为了保护生态环境，实现生态林业和经济效益的高度统一。

二、林业生态建设现状

（一）林业资源匮乏

林业资源是影响林业生态建设的主要因素。随着我国经济的发展，对生态环境造成了一定的破坏，使得森林覆盖面积逐渐减少，森林资源也受到了一定的影响。森林资源的匮乏在很大程度上阻碍了生态建设发展。尽管近年来，人们的环保意识在逐渐增强，开始认识到森林保护的重要性，相关政府部门也在林业资源的保护上采取了相关措施，使得森林资源有所增加，但程度仍远远不够，无法满足生态建设的需求。造成目前林业资源匮乏的原因，除了现代工业生产对于林业需求的量越来越大之外，就是现在人们对于林业保护的重视程度还不够高，使得当前的林业资源并没有在新的形势下充分地发挥出环保的优势，实现林业资源的自我有效保护。同时，我国的林业植被大部分分布在经济相对发达的地区，因此，现代工业对资源的需求量越来越大，大量的林业资源投入工业生产中，使得现代林业资源逐渐减少。

（二）法律法规有待完善

完善的法律法规是生态林业建设顺利进行的保证，尽管我国法律制定了有关林业生态建设的内容，但是对林业生态建设的制约效果仍不够明显，无法充分发挥法律的效力和作用。分析现阶段的林业法律法规可以看出，这些法律法规的内容都比较简单，在细节部分没有做出明显的标注，导致其在实施过程中无法取得良好的效果。

（三）生态林业发展模式落后

我国长期以来的生态林业发展水平较低，生态林业发展模式较为落后，导致生态林业在建设过程中存在较大的困难。尽管国家和相关政府部门采取了一系列的手段，进一步推动林业生态建设的发展。但是由于对林业市场的研究较少，有关的调研和分析不到位，使得在实际林业建设中存在较大的困难。没有科学合理地运用先进的科学技术手段，从而制约了林业资源的发展，林业生态建设的水平难以达到应有的高度，其发展规模也难以扩大。

（四）乱砍滥伐现象严重

从森林的自我更新和发展来看，树木的定期、定量砍伐有助于促进树木的更新，但如果砍伐过量则会对整个森林系统造成破坏，从而在一定程度上制约林业建设和林业经济的可持续发展。由于部分人员对林业资源和环保意识的认识程度不够，再加上利益的驱使，仍会做出乱砍滥伐的行为，这就会对生态林业建设产生一定的阻碍。为此，在林业生态建设中提升人们的环保意识是非常有必要的。环保意识的提升能够在很大程度上改善乱砍滥伐现象，提升林业生态建设的水平。

三、生态林业管理中存在的问题

近年来，我国生态环境的破坏是比较严重的，尽管我国逐渐采用退耕还林、建立林场的方式来改善我国的生态环境，也取得了一定的成效，但是我国的生态林业管理仍存在很大的不足，需要进一步完善。由于我国的林业资源匮乏，应采用一种生态环保的新型可持续发展模式，而生态林业内部的管理模式水平下降，就会造成林业整体出现问题。生态林业管理对于我们国家林业恢复以及林业资源的可持续发展都有着重要的意义，其内部的管理人才和管理资源是其有效发展的主要保障。在目前，生态林业内部管理水平低下，还体现在人们对于管理的重视程度不够高。为了充分地提高林业资源利用效率，而又出现了大量随意使用林业资源的情况，这又使得林业资源的可持续发展难以实现。

（一）生态林业管理水平较低

我国的林业资源丰富，森林覆盖面积占国土面积的1/5，其中生态林业的范围较大。林业地区的气候、土壤、地理条件等存在较大的差异，并且其植物种类繁多，生态林业管理人员不能完全掌握植物的生产习惯和属性，导致其生态林业管理的水平较低。此外，部分地区的生态林业管理受到了一定制约，对生态林业管理的重视在很大程度上取决于领导的重视程度。如果领导对生态林业管理的重视程度不高，则地方的林业管理人员就会放松管理。在部分偏远地区，对于生态林业管理的重视程度是远远不够的。

（二）生态林业管理人员的工作态度有待改善

生态林业管理人员的重视程度在很大程度上决定了生态林业的管理水平，林业管理部门的重视程度关系到整个林业管理的发展。但是从当前的实际情况来看，由于上级管理部门的重视程度不够，使得林业管理人员工作不认真，尤其是偏远地区的林业管理人员，管理不够到位，态度不端正，导致乱砍滥伐的现象时有发生，森林遭到严重破坏，这就给生态林业管理埋下安全隐患。为此，在生态林业管理中，提升林业管理人员的素质是非常有必要的，只有端正生态林业管理人员的工作态度，使其积极地投入林业管理工作中，才能确保生态林业管理水平的提升。

（三）生态林业管理缺乏长远的规划

生态林业管理是一个长期过程，做好林业生态建设需要耗费很长的时间，需要人们以发展的、战略的眼光来看待，不能只顾眼前的利益，而忽视了整个生态林区的可持续发展。例如，很多人都认为橡胶林是"生态杀手"，但其实这种说法并不正确，人们往往为了追求自身的利益，而不顾环境，对橡胶林进行乱砍滥伐，从而造成严重的水土流失。这种为了短期的利益，而忽视长远发展的行为，对生态林业管理是极为不利的，只能带来短期经济效益的提升，而对地域经济的长期发展造成较大的阻碍。林业经济在追求利益发展的同时，还需要关注长远的发展变化，保证经济效益和生态效益的完美结合，使其最终获得更长远的发展。

四、生态林业管理的改良策略

（一）加强政府的干预和重视程度

在生态林业管理中，首先要提高政府部门对生态林业管理的重视程度，认识到生态林业与我国可持续发展的深层联系，并且将生态林业的管理提上议程。政府需要从多角度来加强对生态林业的管理，并将生态林业管理工作分配到各个部门，明确各个部门和岗位的职责，做好任务分工，注意各部门工作的协调。此外，财政部门还需要加大对生态林业的财政支持力度，提升生态林业的技术水平，加大对林业产品的技术和资金投入，不断提升生态林业的经济效益。

（二）建立完善的体系，严禁乱砍滥伐现象

完善的体系和制度在生态林业管理中是非常重要的。为此，在生态林业管理中需要建立完善的体系，严禁乱砍滥伐现象。一旦发现乱砍滥伐，要及时采取严厉的惩罚措施，给予警告和罚款，情节严重者还将诉诸法律手段，进而保障生态林业的管理水平。在生态林业管理中要加强公众的参与度，将林业承包到户，由农户对生态林业进行管理，并建立奖励制度，对于在生态林业保护中表现良好的企业和个人给予相应的奖励。

（三）遵循生态林业的可持续发展原则

在生态林业管理中，要始终遵循可持续发展的原则，在保证不损害后代人利益的前提下，建设符合当代人利益的生态林业。按照可持续发展的要求，生态林业管理要实现生态、社会和经济效益的共赢。在生态林业建设和管理的过程中都需要按照可持续发展的标准，制定科学合理的规划和部署。目前，我国的生态林业基本上以原生林、自然保护区、海岸线与风沙带地区的森林系统为主，同时包括周边防护林。生态林业主要呈现出点、线、面相结合的网络状布局管理特点，可以在多方面发挥生态林业的自身作用，在整体上确保生态林业的规划科学合理。

（四）提升生态林业管理的专业技术

在生态林业管理中，提升管理人员的专业技术水平是非常有必要的。由于生态林业建设人员的工作较为繁忙，采用脱产学习的方式会在很大程度上影响管理工作的正常进行。为此，企业可安排业余时间对生态林业管理人员进行培训，进而提升管理人员的技能水平，在开展培训的过程中，需要进行多方面的学习，使生态林业管理人员掌握更多的知识和技能，以便在遇到问题时可以及时采取有效的措施。此外，还需要根据实际情况及时调整生态林业建设的方式，生态林业建设的方式要在实践中检验其运行效果，不断分析其中存在的问题，进而完善生态林业的建设模式，促进生态林业的一体化发展。

（五）加强对生态林业工作人员的管理

加强对生态林业工作人员的管理，首先要提升生态林业建设人员的责任感，并制定切实有效的工作管理制度，生态林业管理人员要严格按照制定的要求进行操作，对于生态林业建设中出现的问题要及时采取有效的措施。其次要加强各部门之间的协调沟通。良好的沟通协调是生态林业管理有效运行的关键，由于生态林业的建设周期较长，人员数量较多，部门组织结构也越来越复杂。为此，加强各部门之间的有效沟通是非常有必要的，生态林业管理人员需要从不同角度出发开展业务工作，并做好各方面的协调工作，确保利益的获得，

以此来提高林业建设的效率。

五、生态林业可持续发展的途径措施

首先,实现生态林业建设可持续发展的任务是完善相关的法律法规,政府部门要加强执法监督力度,对破坏森林资源的行为进行严厉地惩罚,为生态林业建设的可持续发展奠定坚实的基础。其次,要引进和运用先进的科学技术。科学技术的应用能够有效提升森林资源的利用率,实现经济效益和生态效益的全面提升。在生态林业建设时,要提前做好调查工作,不断开发新的林业品种,进一步提高林业产品的质量,最大限度地提升生态林业的经济效益,进而推动林业生态建设的可持续发展。再次,要对林业建设进行重新规划。生态林业想要实现可持续发展,对其进行重新规划是非常有必要的,在保证传统木材经济发展的同时,还需要提升产品的附加值,保证林业资源的利用率达到最高,同时,还需要开发多样化的林业产品,使生态林业的市场前景更加广阔。最后,要加大对生态林业可持续发展的宣传力度,可以利用网络、报纸等媒体对可持续发展的理念进行宣传,并且将可持续发展的理念落实到具体的实践中,进而提升人们的环境保护意识,减少乱砍滥伐的行为。

在经济发展的同时往往会给环境造成一定程度的破坏,而生态环境的保护也十分重要,为此,需要完善生态林业的管理机制,加强生态林业的建设,促进生态环境的和谐发展,为我国可持续发展奠定良好的基础。在生态林业管理中,不能为了追求一时的经济效益而破坏环境,要始终坚持可持续发展的原则,充分利用各种资源,推动经济效益和生态效益的长远发展。面对生态林业管理中存在的问题,要积极采取相应的对策,建立、健全和完善相应的体系,政府要加强重视,提升生态林业管理人员的技能水平,使其能够更好地为生态林业管理服务。只有不断提升生态林业的管理水平,才能实现生态林业的可持续发展,进而创造出美丽的家园,实现人与自然的和谐发展。

第四节 现代林业管理与可持续发展研究

我国自然资源丰富,但由于人口众多,人均资源占有量一直不高,资源可持续发展对国家发展有着重要意义。森林作为自然资源的重要组成部分,对社会、文化、经济等发展具有重要的影响,实现林业现代化管理,促进林业可持续发展是林业部门工作的重中之重。

林业资源是我国自然资源的重要组成部分,林业经济发展对区域经济发展有重要推动作用,对区域环境保护及环境可持续发展有重要意义。林业管理部门应该重视林业资源整体规划,用科学方法进行林业资源管理,用合理方法促进林业资源可持续发展,最终实现生态资源的可持续发展。

一、现代林业管理可持续发展的意义

现代林业是利用现代技术装备及现代园艺生产及管理方法进行林业管理，以促进林业管理可持续发展。现代林业管理可持续发展主要是在生态理念的指导下使林业管理立足于可持续发展之上，在进行具体管理时利用现代科学方法实现高效管理的目标，使林业经济在市场经济调节下为社会发展进行服务。现代林业管理的可持续发展是林业经济及社会经济发展的要求，是林业发展过程中必经的阶段，是保护森林资源，改善生态环境的重要途径，是国家强盛的必由之路。

二、制约现代林业管理可持续发展的因素

（一）林业生产结构单一，砍伐过度

在我国，林业资源属于国家所有，由国家或集体进行管理，在这种情况下，林业容易出现结构单一的问题。在国家重视和投入大量资金进行林业资源重建的过程中，森林覆盖率已持续上升，但由于过度砍伐还会造成森林资源的减少。树木生长的速度比较缓慢，远远跟不上树木采伐的速度。对林业技术性培育和保护的措施不到位会影响林业健康发展，树木生长周期长，在新树木没有生长起来时对原有树木进行砍伐，会使森林资源利用形成恶性循环，导致生态被破坏。采育不均衡是制约我国林业可持续发展的重要因素，应该调整林业产业结构，控制林业资源的开采量，以使林业资源进行有效重建。

（二）生态补偿机制与监管不到位

森林是我国自然资源的重要组成部分，社会对林业资源需求量非常大。在林业资源开采时要注意对资源使用人或受益人进行费用的征收，将其作为生态资源的有效补充。但目前由于法律条文规定不明确，尚未出台林业资源使用征收费用规定，导致了生态补偿机制不到位，同时也导致了监管责任不明确，监管不到位的情况。如果补偿机制及监管都不到位，将会导致森林资源被滥用，使森林资源遭受严重破坏。森林资源作为自然资源的重要组成部分，对其生长周期的保护能促进其健康发展，也是对生态的一种补偿。

三、现代林业管理可持续发展的对策

（一）完善林业管理机制

林业管理部门要根据区域林业实际情况完善林业管理机制，在保障管理人员到位的基础上将林业管理责任落实到个人，以促进林业管理的顺利开展。同时要加强林业保护的宣传工作，通过内部宣传和职能部门宣传相结合，借助林业保护法规进行宣传，以使现代林

业管理人员在实际工作中能按照机制规范管理，保障林业可持续发展目标得以实现。在林业管理机制中落实林业管理人员培训、林业资源病虫害防治及森林防火等工作，可促进林业可持续发展。

（二）健全林业监管机制

林业监管机制的健全是林业可持续发展的前提。健全的林业监管机制可以转变林业管理部门的工作方法，使林业管理部门在可持续发展理念的指导下规范管理，实现高效科学管理，同时能避免林业资源的采育失衡。健全的林业监管机制可以加强林业管理工作人员的工作责任心，提高林业管理工作人员的生态管理意识，提升林业资源管理效率。

（三）创新林业经营模式

对国家重点林业保护区和脆弱的生态林业区在进行管理时要坚持政府主管，对其他林业资源保护区，政府要引入市场机制进行管理。目的是转变传统的林业产业公有制的单一结构，通过引入企业资金等解决健全林业管理设施建设问题，使现代林业管理在市场竞争中基于市场需求创新管理方法，以实现林业管理的可持续发展。

（四）引入可持续发展的管理观念

传统经济发展模式使林业管理处于一种粗放的外延管理。这种管理模式注重追求林业经济发展，不注重环境保护，导致消耗能源量大，制约林业经济后期的可持续发展。现代林业管理要引入可持续发展理念，基于市场需求，做到管理与时俱进，在宣传保护的基础上提高民众对林业资源合理应用的认识和意识，注重林业管理的经济效益与生态效益双重发展。

现代林业管理可持续发展对保护生态环境具有重要作用，在促进林业经济可持续发展的基础上为民众营造一个生态的环境。林业管理部门要突破传统的管理束缚，完善林业管理机制和林业管理监督机制，引入可持续发展管理理念，改变林业经营模式。在提高全民林业生态意识的基础上，提升现代林业管理水平，从而发挥林业资源的生态保护功能。

第五节 林业管理中的信息技术应用

21世纪是知识信息时代，信息技术以其便捷性、智能化、数字化和开放性的特点迅速应用到多个生产生活领域，改变着人们的工作和生活方式，因此现代信息技术和林业管理的融合发展也成为必然趋势。

一、信息技术在林业管理中的作用

（一）有利于监管森林和湿地资源

利用现代信息技术可以快速得到全面的森林和湿地的检测结果，通过研究和分析检测结果，可以准确了解到我国森林和湿地的现状，然后根据实际情况制定相对应的措施，确保森林和湿地资源不会遭到破坏。另外，利用信息技术可以准确地掌握我国森林和湿地的分布情况，并且可以为制定有效的森林和湿地保护规划提供信息服务。

（二）有利于监管荒漠和沙化土地

利用信息技术可以快速地了解我国各个地区林业荒漠化的情况，并且可以得到较为准确的数据，可以根据研究数据知道荒漠化发生的原因、趋势、以及荒漠化的程度等，针对不同的情况采取不同的措施，进而防止我国荒漠化的进一步加剧。另外，信息技术的使用还可以更好地对所得到的数据进行管理，从而实现对每一期调查数据大约为 500 万条记录的管理，数据存储量达到 3T。

（三）综合营造林管理信息化

综合营造林管理信息化主要是对于我国的一些重要工程的规划、操作注意事项、整体布局以及检查验收等各个环节进行统一的管理和监督。使用现代信息技术可以更加全面地了解我国所有林业管理的现状，从而根据不同情况采取不同的解决措施，最终提高我国林木的质量、规范林木的布局、增加树木的数量，提高树木的整体效益、提高树木的功能等，最终使得我国林业管理趋于规范化。

（四）有利于对林业灾害进行监管和处理

森林资源受环境的影响较大，在森林中频频发生自然灾害等现象，信息技术的引入大大降低了林业灾害发生的频率。信息技术的使用可以有效防止林业灾害的发生，对各类自然灾害做出积极的反应，另外，利用信息技术我们可以快速得知发生灾害的方位、程度、造成的损害以及涉及的范围，然后可以根据这些信息采取相应的解决措施，进而确保我国树木的总量不会大幅度减少。

（五）促进林业管理的迅猛发展

到目前为止，我国的林业种类包括很多种类型，例如，观赏林、经济林、药用林以及绿化林等，为了合理管理这些林业，如果仅依靠人力的话显然是不可能，信息技术的使用使得林业管理越来越简单。它可以准确得到所有林业的数据，了解到全国各地林业的发展状况。例如，利用信息技术可以对林业产品的市场价值进行分析和估测，同时还可以建立一个布局合理、功能强大的管理体系。现代信息技术已经得到了普及,人们早已经将信息技术作为了他们交流的平台,他们在这一平台上进行产品贸易活动、林业产品交流和探讨活动。

二、林业管理信息化建设

信息化是当前我国现代化所必须面临的一个问题,信息技术应当普遍用于社会管理的各个方面。在林业管理中,实现信息化有利于建立科学合理高效的现代林业管理体系,也是改善我国当前林业管理现状的必由之路,林业管理能否完善信息技术的应用关系到林业工程的监管,关系到林业资源的优化配置。

(一)林业管理信息化的概念初探

林业管理信息化作为一种现代化的管理模式,是以国家统筹安排为核心,对各地的林业管理统一规划,并使之合理有序、安全智能、协调配合,信息技术的使用贯穿于整个过程当中。林业管理信息化被纳入林业信息化的重点工程项目当中,与其相配合的还要林业生产、林业科技推广的信息化,共同构成我国当前现代林业建设的大局,是林业走向科学管理和发展的必由之路。

从信息技术(英语:Information Technology,缩写:IT)层面来看,当前的信息技术的使用主要包含感测技术、计算机技术、通信技术以及控制技术,这些技术的使用能够促进工农业生产以及大规模社会管理过程中的智能化和自动化。我国林业管理部门在1992年设置了信息管理中心,从而开始了我国林业管理的信息化道路,并建立了相关管理系统,主要有数据处理系统和管理信息系统。目前,我国林业管理的信息化以及普及,3S技术得到大规模的使用,为我国的绿化以及森林保护贡献非凡,许多重点林业工程项目在此帮助下完成,但是仍存在不少问题。

(二)林业管理信息化现状

尽管我国的林业信息化在九十年代就已经起步,但相较于美日等发达国家仍稍显落后。并且我国的社会改革仍在继续,相关管理制度和体系并未形成,因此我国的林业管理信息化仍处于发展的初级阶段,在此过程中仍出现不少问题,这些问题具体如下:

第一,广大林业管理人员对管理信息化不够重视。长期以来,我国的林业发展基本上是沿用传统的生产管理模式,即使是信息管理系统已经安装普及完毕,但相关人员却不乐于运用,根本没有察觉到信息管理技术给林业管理带来的便利,没能深入的认识到信息的价值。

第二,当前我国林业管理信息系统还缺乏统一的执行规范和标准。除了观念意识不到位之外,很多地区的林业管理部门投资开发分散,缺乏统筹安排,没有统一的执行标准。并且,各地区内使用的技术以及数据并不一致,信息分散不共享,严重阻碍了信息技术的使用。

第三,在实际应用层次上,管理水平低下。当前我国的信息系统仅能处理比较低端的管理业务，并不能得到实际的操作。很多高级的管理设备和系统形同虚设，许多监测到的数据并不能得到合理的使用和修改，所以已经不具有足够准确性，拜拜浪费了信息管理系统。这一系列的失职造成信息管理混乱而且数据失真，整体效果还不如传统的管理模式。

第四，上述问题直接表现为信息技术人才紧缺。专业化的人才是信息技术得以开展的保证，人才是信息化普及的核心。但是当前我国林业管理系统内部的人员并不都具有专业过硬的信息技术，在进行人员招募时，缺乏相关的决策和管理，这种现象严重阻碍了信息化建设的步伐。

（三）林业信息化建设技术性原则

1. 实现林业资源监测信息化

利用先进信息技术加强对林业资源信息数据的获取。信息技术对于森林数据监测可以利用RS、GIS、GPS技术进行实时监控，通过卫星遥感技术对森林资源进行高空扫描的低空摄像，实现室内操作，加快监测效率。

在林业资源的分类经营中，可以利用GIS将对应的区域分划为不同管控区，利用可视化的技术来对分区进行保存，做到一次输入多次利用的效果，做到数据使用的统一和规范化。在遥感技术的使用过程中，尽量采用中分辨率的卫星监测数据，按照统一的标准来生成林区图像影像。在GPS技术的使用追踪后，各类立体的林业监测数据能够实现调度，在定点方面应当发挥其最佳效果。

2. 实现灾害管控的现代化和信息化

林业资源遭受到的最大破坏来自于森林火灾和病虫侵扰。以往我国的林业灾害防治工作是通过地面巡逻等密集人力的使用完成的，这种方式从实践上主观性强，并且不利于操作，检测的效果低下。在利用卫星遥感技术时，各类卫星的拍摄效果都足以掌控森林灾情，并实时做出监测和灾情预防。在灾情发生之时，能够提供现场情况，并估算受灾面积，能够是林业管理部门集中人力物力对付。

技术人员还能整理长期以来的检测数据，并发现具有规律性的数据变化，及时反映火灾发生的原因。在对付病虫灾害时，可以根据树木变异对光谱的反射效果来判断森林虫害情况。林业资源所受到的自然灾害以及人为灾害频繁，给我国林业资源的生产和使用带来了巨大的危害，然后信息技术尤其能对大规模的灾害做出判断和管控，我们必须要掌握此技术。

3. 实现林业产业管理的现代化和信息化

林业产业化是林业科学管理的目标之一，是实现林业资源经济效益的最终手段。我国的林业资源产业化包括经济林、花卉种植以及木材加工等产业链，当前信息化在此环节上的使用主要在于掌控林业生产单位的运行以及市场状况，并且对进出口的信息及时汇总，为我国林业资源使用的决策提供科学合理的依据。通过对林业发达省份的产品加工以及进出口的分析，为我国林业产业的发展构建合理完善的产业布局。建设完善林业信息平台，充分利用互联网技术，做到全国一盘棋。

（四）林业信息化实施策略

在技术完备的情况实现信息化，需要从以下几个部分着手：

第一，加强林业部门组织管理机构的建设，完善从地方到中央的林业管控体系。一个地区的林业信息化分级体制需要进一步的探索完善，确定我国信息化统一执行标准。在此阶段之后需要建立相应的编制来安排林业生产管理人员，对完善经费拨款体制，以加强对林业管理的资金支持。

第二，加大资金投入和人才培训。信息技术需要大量的资金，林业管理经费需要被纳入中央和地方的预算范围，以满足我国林业管理的发展。各地方政府应当合理利用中央拨款，不得中饱私囊，对林业经费的使用要加以配合的协调，杜绝浪费，有了足够的经费，林业资源管理的从业人员自然就会增加，所以要对他们进行良好的信息技术培训，鼓励年轻人学习好信息技术来为林业管理做贡献。

总之，我国的林业管理信息化正处于起步阶段，仍需要我们加大投入对此进行深入研究。通过上述措施的实施，我国的林业信息化必然会同发达国家缩短距离，通过抓住信息化的潮流实现跨越式发展。

三、信息技术在林业管理中的具体应用途径

（一）完善基础设施建设，推进日常信息化管理

将信息技术应用到林业管理中，首先是要完善林业管理的基础信息化建设，其中包括网络系统建设、计算机中间服务建设、卫星定位、远程遥控以及现代信息技术等，林业管理工作人员要配备基础的信息化技术工具，利用信息化手段对中间站进行布局优化，创建水准较高的网络系统，构建以林业管理为基础的网络环境，同时配备具有基本机械操作或者人工智能操作的机器设备，搭建软件系统完成数据传输等任务，建立林业管理信息化平台。

完成信息化基础建设之后，将信息技术应用到日常管理中，一方面，利用信息化技术、工具或设备记录日常林业管理动态。另一方面利用现代预测、监管以及数字化技术对森林、湿地等资源中的野生动植物进行监测和管理，并根据具体的动植物状态制定出一套合理的发展管理规划，统筹安排林业资源的保护、开发程序。

（二）健全对林业资源的检查和管理工作

要想提高我国林业管理水平，必须加强对林业资源的监督和检查工作，为开发林业资源经济效益，保护林业资源奠定基础。尤其是随着我国林业产业的持续发展，必须加强林业监测和检查的信息化水平，增加信息化技术投入力度，如，利用 GPS 定位以及电子遥感

技术准确地获取林业资源的相关信息，如，图片、航拍、遥感影像等，便于工作人员或技术人员根据信息技术对林业资源做全方位不间断的监控和管理，管理者也可以通过多种技术快速掌握和发展林业资源的变化情况，对当前的管理手段、计划做出调整，及时解决管理上的问题和漏洞。其次，在利用信息化技术了解林区资源的分布以及野生动植物情况之后，迅速做出管理决策。如，利用信息技术生成林区可造林的真实分布状况图，进而制定适地适树工作开展计划；借助林区空间分析系统，对林区内的土质、坡面走向和森林密度等进行客观分析，提高林区管理水平。

（三）利用信息技术做好林区灾害监测和防范

灾害监测和防范是林业管理中的重要组成部分，其中以防火以及防病虫害为工作重点。当前现代信息技术，如卫星遥感技术可以对林区进行实时的火情监测，能够对着火点进行快速定位，并利用计算机技术计算火灾范围、火势大小以及蔓延方向，林业管理部门可以根据信息技术迅速制定防火、灭火措施。另外针对病虫害，信息技术也有很大的应用空间，管理部门可以实施遥感技术，根据遭受病虫害的绿色植被内部的异常光谱反射率对病虫害范围进行精准定位，重点治疗。针对其他人为无法控制的自然灾害，也可以利用红外波段的卫星遥感技术以及卫星摄影、GPS 定位技术等连接林业管理机构的信息化平台，计算并完成受灾区域面积分布图，便于管理部门制定救灾措施。

（四）推动林业管理的政务公开

传统的林业管理较为闭塞，主要由林业管理机构或部门负责，处在一个较为封闭的管理环境中，外界人士很难接触和了解我国林业管理情况。而信息技术的开放性和交互性则推动了各行各业的交流和沟通。借助信息技术构建林业管理信息平台，促使林业管理更加开放、公开，林业管理机构可以主动将管理情况、信息公布出来，而社会各界、公益组织等也可以借助互联网、计算机等信息技术参与进来，发挥舆论监督作用，增加林业管理政务的透明度，推动林业管理工作的可持续发展。

总之，新时期推动我国林业管理的发展和进步必须实现理念创新、技术革新，推动信息技术基础设施建设，促使林业管理朝着智能化、数字化和信息化方向发展，推动林业管理的长效高质量发展，实现林业资源经济效益和社会效益的双赢。

第八章 林业资源管理

第一节 林业资源管理研究

林业资源是我国的重要资源之一，故加强林业资源管理对我国经济发展有着重大的实践意义。但是，当前林业资源管理方面暴露出了诸多问题，对林业发展带来了极大的阻碍。因此，需要加强林业资源管理，实现林业资源的永续利用，改善生态环境，进而实现林业的可持续发展。

目前，我国森林面积为 2.08 亿 hm²，全球排名第五位。我国属于林业资源大国，在林业产品出口方面具有非常大的发展潜力。但是，在市场经济条件下，暴露了林业资源管理的诸多问题，对林业发展带来了阻碍，而完善林业资源管理制度，可以提高森林资源的生态效益和生产供给，对于实现林业可持续发展有着重大意义。

一、当前我国林业资源管理存在的问题

（一）缺乏有效的管理机制

由于我国资源分布的特殊性，即林业资源的集中地大多在农村，为了更好地保护林业资源，我国对农村传统林权制度进行了改革，使广大农民重新拥有立体的林地经营权，并对农民林木所有权进行保护，牢固农民林木培育的主导地位，深化农村集体林权的改革。由于我国传统林业资源管理制度的根深蒂固，而且缺少资金和技术方面的支持，故在实施改革的过程中频频发生林权纠纷案件，严重阻碍了林业管理制度改革的实施和经营发展。同时，由于我国林权改革制度尚不完善，导致相关改革制度无法全部落实到位，林农育林的积极性得不到提高，对我国林业资源管理造成了极大的影响。

（二）乱砍滥伐现象严重

近年来，我国林业资源遭到了一定程度的破坏，在利益的驱使下，部分人员对林业资源，尤其是一些名贵、稀有的树木进行乱砍滥伐，成了林业资源遭到破坏的主要原因之一。乱砍滥伐在破坏林业资源的同时，更是对未来林业发展造成了不良的影响。因此，必须加

强治理乱砍滥伐的管理力度，落实相关的采伐管理制度，实现对林业资源的有效保护。除了乱砍滥伐，林地的非法占用也会对林业资源造成严重的破坏，故加大非法占用林地行为的管理力度，可以有效制止非法占用林地对林业资源造成的破坏，在林业可持续发展道路上扮演着重要的角色。

二、加强林业资源管理的措施

（一）加强对林业资源的保护

在林业资源的管理问题上，既要保证经济效益，也要保护生态环境，防止森林资源被破坏，使覆盖面积达到绿化水准。保护林业资源时，需制订并完善长久的监督计划，依法严惩毁坏林业资源的破坏者，务必确保林业资源的完整性，使林业资源流失率降至最低。同时，建立完善的资源承包制度，详细了解承包户的经济情况，通过双方长期的合作促使林业资源集中经营，再通过对承包单位加强管理，减少或避免出现滥用林业资源的情形，将破坏程度降至最低，促使林业资源可长久保持自然化。

（二）调整原有的林业资源

将原有的林业资源进行调整，有利于提高林业资源的经济效益。例如，可将林业资源作为旅游资源，使其具备观光的价值，以此吸引各地的旅游爱好者，增加经济收入。在资源利用上可以采用多种方式，既可以利用林业资源的自然特点，创建自然观光景区；也可以利用林业资源的可调节性，修建花园和苗圃，创建农业观光景区；还可以利用苗圃培育具有特点的绿色产品，并将其推向市场，以此来促进经济的增长

（三）多方面利用林业资源

例如，一是以林业资源的自然特色为亮点建立自然观光景区；二是通过林业资源的可调节性建设苗圃和花园，力争建立农业观光景区；三是将苗圃种植出的绿色产品推入市场，利用其天然特色带动林业经济效益的增长。通过采取以上措施，能够使林业资源得到保护，从而促进林业的进一步发展。

三、实现林业可持续发展的措施

（一）加强对生态系统的保护

林业资源是生态资源的主要构成部分之一。对生态系统的维护是完善林业资源管理与保护的重要前提，应加强对林业采伐的管理制度，禁止出现乱砍滥伐现象，一旦发现，应给予相应的处罚。同时，为了增强地方政府保护林业资源的积极性并依法实施相关法律法

规，应将森林覆盖面积加入地方政府考核的指标中。监督管理方面要制定合理的年检计划，将定期检查作为地方林业资源管理的重中之重。在农村集体的林地问题上，既要处理好与林农的承包关系，又要明确规定可采伐树木的年份、品种和采伐的最大额度。一方面，可确保承包的林农取得经济效益，也可保护林业生态环境，实现可持续发展；另一方面，可加强对林业稀有树种的保护力度，实现地区森林资源集约化经营，对林业资源进行合理有效的管理。

（二）采取以林养林的经济性策略

从社会发展学角度看，林业可持续发展，对于生态环境的保护有着重要的促进作用，而且能够提高经济效益。然而，实现二者共存已成为现今林业发展急需解决的重要问题之一。因为林业资源的开发利用对林农来说是增加经济收入的必要手段之一，同时林业资源对于保护生态环境有着促进作用。因此，可以整合利用森林资源开展旅游业，建立森林公园，吸引更多游客，提高森林资源的经营产出，同时进一步增强人们保护森林资源及生态环境的意识。

（三）建立林业资源监测体系

为了加大林业资源管理力度，应建立并完善林业资源监测体系，严格要求伐区工作人员持证上岗，避免无证采伐情况的出现。同时，建立健全责任追究制度，对乱砍滥伐、非法占用林地等行为，依法追究相应的责任并给予严厉的惩罚，防止出现非法使用林业资源的现象。

林业可持续发展的根本在于对林业资源的保护，故加大对林业资源的管理与保护力度，对于林业实现可持续发展起着重要作用。因此，应完善林业资源监测系统，严格控制乱砍滥伐、非法占用林地等造成林业资源被破坏的行为，贯彻并实施经营性策略，加大生态系统的保护力度，以实现林业的可持续发展。

第二节　生态环境视阈下的林业资源管理研究

伴随着资源挖掘及工业生产，当前全球生态环境问题十分严峻，各个国家均在大力开展生态环境保护工作。我国土地荒漠化、水质污染、沙尘暴、濒危物种灭绝等多种生态问题不容忽视，"十九大"报告中明确指出，我国要坚持人与自然的和谐共生，坚持践行绿水青山就是金山银山的理念，加强对当前林业资源的管理，转变生态环境问题，从而构建自然和谐的社会。通过开展林业资源管理，提升当前生态环境的保护效果，并平衡经济发展与生态保护之间的关系，提高林业资源利用率，进而解决当前生态环境问题。

一、林业资源管理工作概述

林业资源管理是指通过多种技术手段与方法，对林业资源的建设、开发、应用、控制等进行的管理工作，林业管理对区域内森林相关信息加以整合，从而实现提升森林利用率，促进林业地区生态环境保护与经济发展。森林的生长速度较慢，生长周期较长，在进行林业管理的过程之中，需针对林业资源数据加以合理管理，依照林业客观发展情况，保障林业资源数据信息的时效性与准确性，从而为林业资源管理工作提供数据保障。同时，林业资源数据信息量较大，信息种类较多，对管理工作的要求较高，在实际管理工作中，应对林业数据调查项目加以完善，全面整合区域内林业资源情况，并通过计算机系统对数据进行计算与统计，进而获得真实、客观的林业资源报告。另外，林业资源并不是一成不变的，而是不断进行动态化发展的，森林随着时间而生长，其数据信息变化水平较高。因此，在开展林业资源管理过程之中，需采用动态发展的角度实施统筹规划，对林业资源未来一段时间内的情况进行评估，以期提升林业资源管理工作的效果。

二、当前生态环境问题产生原因

（一）乱砍滥伐问题

我国在进入工业化生产初期，对各项资源的依赖性较强，全国范围内均进行林木开采，以保障工业生产效率，随着森林资源的日渐枯竭，国家意识到林业资源对生态环境的重要性，以往因过度采伐行为无法实施林业资源的可持续经营。因此，近年来我国实施了天然林保护工程、风沙源治理工程、退耕还林工程及重点防护林工程，加强营造工人工造林以弥补林业资源的不足，降低乱砍滥伐对林业资源造成的影响。

（二）木材资源浪费问题

我国目前正处于经济高速发展时期，对木材的需求量较大，但木材加工及生产技术相对落后，存在严重的浪费现象，生产过程中产生的部分木料没有经过妥善处理和有效利用，导致原本紧张的木材资源更为捉襟见肘，从而造成林业资源浪费问题。

（三）人工林物种单一化问题

众所周知，自然形成的森林之中树种、植被、动物、微生物处于相对平衡状态，其中包括丰富的物种，而人工林之中一般仅为12种树木，极易出现病虫害泛滥问题，导致人工林管理难度有所增加，存在一定的药物滥用现象，对当地的空气、水体及土壤造成污染，反而加剧了生态环境问题。

（四）林区百姓意识问题

部分林区内百姓对生态环境保护的重要性认知不足，对林业资源的依赖性较低，存在盗伐现象，造成我国部分林业资源工程消耗量较高，林业资源难以承受，经济发展与生态保护之间失衡，从而造成林业资源的浪费现象。

三、林业资源管理对生态环境影响

（一）林业资源管理能够涵养水源

树木具有涵养水源的重要作用，森林根系彼此相连，使得林地土壤内的水分得以有效保存，同时树木能够促进水分蒸发，从而调节周边小气候，与其他地区相比，林区空气更为湿润。因此，实施针对性的林业资源管理，恢复林业资源，进而改善当地林业发展现状，提升生态环境保护力度。同时，实施林权管理在保障林区生态环境方面具有重要作用，所以林业管理部门需加强林区内林权管理的宣传工作，提高当地百姓对林业资源的重视，避免因林业开发不合理而造成生态环境恶化问题，从而制止乱砍滥伐问题。例如，部分地区林业资源管理工作不到位，加之当地地质地貌不利于森林成长，致使当地林业资源破坏十分严重，导致该区域水源地受到严重破坏，河流、湖泊等集水面积不断下降，进一步加剧了该地区的生态恶化问题。林业部门重点管理林地占用普检工作，严禁各种违法占用林地的行为，采取全面性、持续性的占用普检方式，从而在林区内建立长效机制，依照国家对林地占用相关政策及法律法规，加强林业管理的权威性和法制性，有效提升当地林业管理的执法力度，恢复森林涵养水源的重要功能。

（二）林业资源管理能够防风固沙

森林是解决土地荒漠化最为有效的措施，森林能够固定住荒漠流沙，加之森林的树冠能够有效过滤空气中的尘埃，从而防止当地土壤荒漠化及沙尘暴等问题。例如，我国以往没有注意林业资源保护工作，对原始森林大肆砍伐，导致现阶段土地荒漠化问题日渐严峻，西北地区沙漠化现象十分普遍，全国范围内均出现沙尘暴问题，对人体健康造成的影响不容小觑，尤其是对于肺部及呼吸道的危害。因此，在林业管理过程中，应加强对防风固沙的重视，针对部分极易出现沙尘暴的区域，可有选择性的实施防风固沙工程，选择一些生长速度较快、根系发达、枝叶繁茂的树种，以保护当地生态环境。在开展防风固沙工程之前，林业管理部门需针对当地实际情况加以充分了解，包括现有生态林、经济林情况、气候情况、土地荒漠化及沙尘暴情况等，从而构建更为科学的规划，不仅能够保护当地生态环境，同时也有助于当地经济与农业发展。

（三）林业资源管理能够净化空气

众所周知，森林又被称之为地球之肺，树木对空气造成的影响尤为重要，目前工业发展所造成的空气污染问题较多，森林能够吸收空气中的有害气体，包括二氧化碳、氯气、一氧化氮等，并施放大量的氧气，能够改善我国当前严重的空气污染现状。例如，我国部分地区林业资源管理工作相对不足，其森林资源受到一定影响，森林难以净化当地空气，加之工业的不断发展，空气中各种有毒气体大量排放，尤其是一氧化硫等有害气体，造成当前酸雨问题严重，对当地人民、植物与动物产生极大危害，这种恶性循环空气质量难以保障。我国林业资源管理首要工作是做好教育与宣传工作，提升林区百姓对林业资源的认知，使其意识到林业资源对生态环境做出的贡献。对此，林业资源管理部门应定期深入到人民群众中间进行教育宣讲，为其发放林业资源与生态环境保护的手册，并通过报纸、电视、杂志、广播、网络等多种媒介进行宣传，使人民群众建立爱林、护林的意识。同时，为了进一步改善空气质量、避免大气污染，需实施林业可持续发展战略，林业资源管理人员应正确看待林业与经济的关系，采取生态林、经济林管理相结合的方式。一方面，选择一些适合当地生长、轮伐期与生长期较短、不会造成当地土壤贫瘠化的树种作为经济林，从而满足当前市场对林木的实际需求，大力发展林业经济。另一方面，选择适应当地气候、抗病虫能力较好的树种作为生态林，以保障林业经济发展与生态环境保护共同得以落实。

（四）林业资源管理保持生物多样性

森林中除了树木之外，还共同生长了大量的野生动物、植物及微生物，森林是保持区域内生物多样性的最佳方式，也是避免野生动植物数量减低、甚至消失的有效措施。以华南虎为例，人为捕杀与栖息地不断缩减，致使我国野生华南虎数量逐步锐减，截止到21世纪初，相关生物学及生态学专家表示，野生华南虎种群已经灭绝。华南虎作为我国独有虎种，因所栖息的山地及树林范围逐渐缩减，其种群不断减少，最终造成自然种群消失的悲剧。因此，在林业资源管理过程之中，在保护林业资源的同时，还应加强对林区内野生动植物的保护，从而进一步凸显林业资源保持生物多样性的功能。在实际林业资源管理过程之中，可采用林业经济模式实施管理，在不同种类的林业资源中大力发展林下种植、养殖，不仅能够提高林业资源经济效益，同时也对保持林区物种多样性起到了积极的作用。另外，林区需加大力度处理野生动物乱捕滥杀的问题，并对植物采摘加以限制，进而保持林区内物种的平衡性，最终实现生态环境保护的目的。

当前我国生态环境问题十分严峻，林业资源是改善空气、水体、土壤污染的有效方式，对人类的生命安全具有重要意义。因此，应加强对林业资源的管理工作，全面提升林业资源管理、监测、监督与执法水平，通过对林区人民群众的宣传教育，综合开展林业管理，以实现我国林业资源的可持续发展。

第三节 林业资源管理与林业生态建设探究

随着我国社会经济的不断发展，社会资源与环境资源消耗量不断增大，人们的环保意识也在不断提高。在林业资源管理工作中，现代林业生态建设属于一项非常重要的任务，而改善林业资源管理工作则对林业生态建设有着非常积极的促进作用。

在社会经济快速发展的背景下，人们从资源能源的巨大消耗中提高了对生态环境与资源的全新认识，也努力地为现今存在的各种生态问题去探讨如何保证生态系统平衡基础上的社会经济发展。众所周知，森林资源是生态系统的重要组成部分，而当前我国对林业建设的重视实际上也是对自身生活环境与生存现实的保障。但从我国林业发展现状来看，林业资源遭到了严重的破坏，在随后的工作中，林业资源的管理对现代林业建设将会发挥巨大的作用。

一、林业资源管理要点

（一）林地管理

在林业的发展中，其重要的基础是林地，现代化林业生态建设的核心在于保护林业，所以要促进现代化林业生态建设基础性工作的效率提高，就必须从林地的管理工作着手。一方面需要做好我国现有林地的保护工作，全面认识到在当前社会经济高速发展、市场环境复杂化的背景下，很多地方都有比较严重的侵占林地和伐林开垦的情况。所以对林地管理的加强必须保护好现有林地，通过严格科学的砍伐控制，加大对土地的宏观控制，严禁各种砍伐现象的发生，并结合当地的实际情况增大造林范围。另一方面要结合实际进行科学合理的林地保护规划，在进行编制时统筹全局，确保方案的前瞻性、可操作性与可行性，并通过规划保护林地实现对现代林业的生态安全监管，提高林地管理的水平，真正履行好高效管理职责。

（二）林木管理

森林系统属于生态系统的重要一环，森林资源对整个系统的发展有着决定性作用，作为森林的主体，林木的科学管理也非常重要，促进现代化林业生态建设的基础性工作，就是要加强管理林业。人们需要提高对林业管理工作的重视程度，认识其在整个生态系统中发挥的重要作用，并采取积极的措施进行保护与管理，通过编制科学方案，改进经营方式，吸取先进国家或地区的思想与技术，结合我国当地林业发展的实际情况探索可持续发展的道路，全方位提高森林资源管理的水平。

（三）林权管理

这一要点常被人们所忽视，现代林业制度文明建设正是以林权制度改革的实行为核心，结合其全局性与根本性的特点，现代的林业制度实施文明性就体现在林权的管理工作上。需要从实际情况出发，结合生态环境的科学发展观统筹林权管理工作，明确集体林地与林木的具体使用权和所有权，强化对各个生产要素的优化与配置，建立并完善相关的服务与保护体系，真正为现代的林业发展创造一个良好的环境。

二、林业资源管理对林业生态保护的关系与方法

（一）林业资源管理对林业生态保护的关系

首先，作为森林的主体，森林在林业生态建设中有基础性作业，因此，也应该成为生态文明建设与生态发展的主力军。对我国现有的生态环境保障应从建立森林主体，完善生态安全保护体系出发，提高对"林木是森林主体，森林是林业基础"的全新认识，才能给予林业资源管理工作本质上的尊重。同时要拓宽林木管理的内容，要求限制森林砍伐的额度，提高科学管理水平，控制过度消耗，实行合理经营，进行分类营销等。

其次，林地又是林业发展的基础，也成了生态建设的保障。林业资源管理工作必须坚持以林地生态平衡的维护、生态环境的改善、各种自然灾害的防御为目标，坚持林业在可持续发展中的基础地位，切实实行林地行政许可制度，控制限额标准，将全国性林地的使用管理好，设置底线，规划编制，全面提高管理水平。

（二）林业资源管理促进林业生态保护的方法

1. 完善林业资源管理体系，应用先进的管理技术与装备

在现代化林业的展建设工作中，深化林业改革设定现代化林业管理目标，进行高效行政审批，设定科学合理决策，就必须积极引进先进的管理装备与管理技术，全面提高林业资源管理工作的效率。

2. 完善林业管理机构，加强专业化队伍建设

林业管理机构的完善与专业化队伍的建设是做好林业生态建设的保障，组建优秀的林业工作站，才能充分发挥其内部的生产组织、资源保护、政策宣传、技术推广以及林业执法等方面的职能作用，确保林业管理队伍的专业性，要积极创建各个基层的管理团队，实现依法治林的管理效果。

3. 鼓励并支持政府借助社会力量促进生态建设

加大森林植被恢复建设的力度，提高生态环境质量，减少水土流失，不断改善环境。同时还要应大力鼓励和支持设定相应的鉴定评估组织，针对不同地区森林、林地和资源的

情况进行鉴定与评估，确保林业发展保护社会化，并实现全民共同促进生态化建设的目标。

4.建立可持续发展森林系统

在森林资源的管理工作中，森林资源利用率的提高一直是一项值得深入讨论的一项工作。在林改后由于经营主体的调换，森林资源结构进行合理的调整是其能够得到可持续发展进而形成一个稳态的环境。这样的前提进行的林业管理才能够保证在目前的林业水平当中林业的发展能够得到充足的保障。此外，在进行林业管理的过程中，对于物种的多样性，水土的保持方面都需要进行相应的工作来进行一定程度的保持，对于林业资源有破坏性质的行为和工作，要制定相应的法律法规来进行约束，通过这样的方式建立出一个良好的，具有生态发展能力的森生态系统，在林业资源的可持续发展中，为林业管理工作增加一定的合理性，也为林业经济的发展提供了重要保障。

林业资源管理工作在当前我国的现代化林业生态建设中发挥了非常重要的作用。在新的发展阶段，必须通过进一步的改革促进林业生态资源建设发展，引进先进的管理技术与方法，提高管理水平，制定完善的法律保护制度，做好社会大众的宣传工作，让更多人投入到生态的保护工作中，共享生态保护成效。

第四节　林业资源管理与林业造林探索

林业资源管理是社会组织管理体系的重点内容，是实现林业经济可持续发展的重要制度保障。改革开放初期，以经济建设为中心，为了促进社会经济快速发展，提高人民生活质量，大量的森林乱砍滥伐，造成了自然资源被大量浪费，耕地盐碱化、林地荒漠化进一步加剧。进入21世纪以来，政府意识到林业经济与林业资源发展与保护的重要性，将可持续发展融入现代林业资源管理中，逐步实施退耕还林、植树造林和封山育林。在林业资源管理种，退耕还林是环境环境污染问题和资源浪费问题的根本举措，封山育林和植树造林是基本手段，只有三者协调配合，共同发展才能提高林业资源的管理效益。

一、林业资源管理的重要性

林业资源是我国重要的战略资源，也是第一产业发展必不可少的物质基础。强化林业资源管理，建立符合社会经济发展现状的资源管理模式是提升林业经济社会效益和经济效益的重要前提。林业资源的开发、利用、管理除了要注重制度管理体系的建立之外，还要通过植树造林、退耕还林、封山育林的方式，有节制、有计划、有规律的"保护和利用"双向结合的管理林业资源，在推进林业经济产业结构调整的过程中，深化林业资源管理机制建设，逐步提高林业资源的生态效益和社会效益。

二、林业资源管理和林业造林之间的关系

林业资源管理和植树造林是实现林业资源可持续发展的两个重点方向，管理是为了合理开发和利用现有的林业资源，避免资源浪费，而植树造林是提高国家林业资源总蓄积量，延伸可持续发展周期的保障手段。只有强化林业资源管理、监督，保障林业资源合理利用，辅助以植树造林才能实现林业经济发展良性循环，保障其生态效益，提高其经济效益。

三、当前我国林业资源管理现状

近年来，我国自然环境虽然有所好转，但各种地质灾害仍然频发，包括泥石流、沙尘暴、荒漠化、水资源枯竭和耕地盐碱化等。这些问题不仅阻碍了我国农业经济的发展，更是给我国林业经济发展带来了严重影响。现在科学研究表明，造成以上这些地质灾害的主要原因在于我国森林覆盖面积的锐减，虽然我国现有的林业资源种类较多，形式较为丰富，自然储蓄量可观，但是人均资源占有量远低于世界平均水平。在经历过改革开放初期，大量粗放式的乱砍滥伐之后，我国不仅出现了森林面积减少，而且很多林业资源种类也不断减少，甚至很多的树种已经濒临灭绝，这对我国林业经济可持续发展战略的实施有着严重的影响。虽然近年来，我国林业资源总体规模上呈现逐年递减态势，但是我国林业资源依旧有着较大的发展空间，这也是我国林业资源相对于其他国家而言最大的优势。随着政府各种关于林业资源政策的出台和人们环保意识的提升，大规模的植树造林活动近年来不断开展，我国总的森林覆盖面积有所提升。目前我国林业资源发展是比较稳定的，首先政府禁止了人们乱砍滥伐，使得很多天然林得以幸存下来，并且覆盖面积也逐渐增长，而且随着我国市场经济规模的不断扩大，对林业资源的需求也不断提高，这也促进了我国林业经济向科技化、现代化进行转型，在保障生态效益的基础上提高经济效益。

四、当前我国林业资源管理中存在的主要问题

虽然我国的林业产业有着较大发展前景和比较充足的发展空间，但是在林业资源管理体制上还存在着很多限制性问题，首先，我国林业资源总量不足，大大限制了我国林业经济的发展，生态环境的好坏对林业资源的发展有着重要的影响，但是我国现阶段的生态环境质量还有待提高，现有的生态环境还不足以支撑集中化的林业产业进行发展。同时生态问题是限制我国林业经济发展的主要因素，低质量的生态环境和较严重的空气、水源污染很难为林业资源的质量提高提供保障，虽然我国政府出台了一系列有关环境保护的政策法律法规，但是环境质量的提高不是一朝一夕之功，而是一个长期积累和实践的过程，还需要加大有关生态环境保护方面的经济和人力投入。在我国林业资源管理中，森林资源的质量也是其影响因素之一，森林的覆盖面积虽然呈现增长趋势，但是森林资源的质量直接影

响可用树木的数量，而我国市场规模的扩大，对于森林资源的需求也在不断增长，但目前可开采的森林资源数量极为有限，市场上的森林资源呈现供不应求的状态。因此森林资源质量和资源数量也是我国林业资源管理中的重点问题。

五、针对当前林业资源管理问题的控制策略

要改善当前我国林业资源管理状态，首先要注意的就是增加我国的林业资源，其中最有效的方法就是加快植树造林的步伐，同时禁止人们乱砍滥伐，这样才能从根本上控制林业资源的增长。而要促进植树造林的发展，前提就要克服自然环境中的种种困难推进植树造林的进程，面对各种恶劣自然环境要努力适应，当然不能盲目的实行植树造林计划，相关部门要制定科学合理的植树造林管理方法。此外，水土流失造成的土地荒漠化对林业资源管理有着重要影响，实行生态保护的第一任务就是要防治土地荒漠化，加强生态恢复的力度，并且在社会上也要倡导环境保护，这样才能从根本上解决生态保护问题，促进林业资源可持续发展。

六、林业造林方法

林业造林最直接的方法就是提高植树造林数量，但是林业造林是为了能够实现更好的林业资源管理，所以植树造林也要保证一定的质量，植树造林质量好坏直接体现在树木的成活率方面，树木成活率越高，则说明造林质量越好。影响树木成活率因素主要有气候、土壤、树苗生长环境等，因此要提高植树造林质量，要从这些方面分析植树造林的具体方法与措施。植树造林并不是只靠体力就可以完成的，在植树造林之前要通过一系列科学实验，分析当地土壤环境，利用专业知识，找到最适合土壤生长的树木种类，这样能提高树木成活率，而且在播种前要对土地进行一定的改造。我国现在存在很多荒地，如果在这些荒地直接播种，树木的成活率不会很高，会严重降低植树造林质量。所以在播种前，要对土地进行一定处理，例如清除灌木、杂草、在种植之前还增加土地光照量，这样可以适当改变土壤的物理特性，使土壤的温度发生变化，还能增加土壤肥力，能够提高树木成活率。

第五节　ArcGIS 在林业资源管理中的应用

林业资源是生态文明建设及社会经济可持续发展的重要物质基础，是确保国家生态安全的重要前提。我国当前林业发展尚处于重要转型期，为确保林业的可持续发展，需重视使用先进理念及技术。为实现林业资源的高效管理，可以采用地理信息系统实现森林资源的全面管理。在现阶段信息系统当中，ArcGIS 是普遍被使用的一种专用软件，这种软件具有极强的功能和完善的技术，在林业资源管理中发挥着至关重要的作用。在对林业资源管

理系统的集成框架构建以及林业资源管理中运用 ArcGIS 技术有着明显优势，ArcGIS 技术在林业资源管理工作具体应用中也有着显著效果。

地理信息系统自 1961 年诞生以来发展迅速，同时随着 GIS 平台、语言集开发工具的与日俱进，ArcGIS 在我国的运用也获得快速增长。ArcGIS 地理信息系统完全摒弃了以往费时费力的计算过程，能及时、快速的处理分析海量的各种野帐数据，从整体上提升管理者的管理效率，同时还有利于为管理者提供一套科学完善的解决方案，更好地为相关林业资源管理者提供强有力的数据及技术支持。因此，ArcGIS 是林业资源管理中不可缺少的管理工具。

一、林业资源管理系统的集成框架

林业资源管理系统集成框架主要由以下几方面构成。数据采集、处理、数据管理层、数据应用层以及分析层。原始数据采集分为基础地理信息采集与林业资源专题数据采集两种，其中基础地理信息包含行政区划、地名、铁路、公路、居民地、水系、数字遥感影像及 DEM 等要素空间图形和属性信息；林业资源专题数据主要包括林班、小班和生态区等要素的空间图形与属性信息，相应统计报表和文档数据，通过 GPS 定位采集、矢量化、遥感影像解释、相关部门统计调查以及观测等方式获取原始数据，这些数据的存储方式有多种，如文档、Excel 表格、影像、图片及矢量数据。数据预处理主要就是对采取的多源异构数据进行科学的处理，审核、加工以及分类等。数据管理层主要是利用空间数据库、数据库技术的引擎技术通过后台数据服务或者网络服务器进行统一管理存储林业资源有关空间数据和属性数据，并且还兼顾系统数据的完整性、一致性、并发控制以及安全性、专家知识模型库、数据模型库和 ArcGIS 空间分析模型库三者构成数据分析层。发挥着为系统提供技术支持的重要作用。各种应用服务构成了数据应用层，并形成统一用户界面，充分发挥着 ArcGIS 可视化查询和分析、遥感影像管理分析、系统管理、林业资源管理、统计、分析、动态监测以及评价等作用。

二、ArcGIS 在林业资源管理中的运用优势

地域的宽广性、资源的可再生性以及生长周期的长期性是林业资源与生俱来的特征。随着时代的发展，利用传统方式管理林业资源已经不能满足当前的要求，在林业资源管理中应用 ArcGIS 技术可针对各种林业资源进行有效管理，同时还有利于提供强力的技术支持。ArcGIS 的主要优势主要包括以下几个方面。

（一）功能强大

ArcGIS 地理信息系统主要依托于强大的技术平台来支撑，安全性、先进性、稳定性是这种系统最为显著的特征，其可以精准、快速的运算各种海量的数据，为林业管理提供多种强大功能，比如，分析、查看、分布、管理等，最大限度的满足林业资源管理工作的需求。

（二）可伸缩性

构建 ArcGIS 系列平台后，一方面，相关管理人员能通过访问 ArcIMS 更新软件数据形式，降低管理成本。另一方面，还具有良好的扩展性、稳定性、升级性，为管理人员提供一套较为完善的管理方案，最大化减少广大用户成本投入。

（三）减少数据管理成本

ArcS-DE 作为 ArcGIS 软件体系之中的地理数据库引擎，具有非常强大的定位查询功能，储存功能。ArcS-DE 主要是充分利用地理数据模型，统一分析、管理系统内部数据，同时将其整合为具有一定逻辑功能属性的统计数据，有利于进一步缩短林业管理人员管理分析时间，也能在很大程度上降低数据管理成本。

（四）丰富的地理数据

传统林业管理中，管理人员必须要参与到林业资源管理方案设计中，应用 ArcGIS 地理信息系统，能进一步减少林业管理工作者的工作量。究其原因主要是因为其常用的高程数据集影像数据和基础地理空间数据等，另外，它还能有效提供各种管理方案和模板数据。

（五）服务多样性

该系统在绘图、分析的同时，还可以开发各种配合系统使用的软件产品，比如 ArcIMS 和 ArcMa，在林业资源管理中合理运用多样性软件产品，有利于为管理者提供全面的帮助。

（六）各种信息管理方面优势

利用 ArcGIS 地理信息系统能构建各种同林业相关的地理信息库，进行林业资源查询和制图，使其地理信息库具有数据管理和林业查询功能，科学合理地重新处理林业资源数据及图像等作业，全面系统分析具体的目标或是最大化利用各种新信息分析相关林业资源，科学合理的选择合适经营方案或是管理模式，便于做出科学正确管理决策。通过利用遥感图像数据或是相关调查分析，能更好地完成林业地籍管理，再充分利用系统的强大空间分析能力，直接形象地反映出林业资源动态变化情况以及空间分布情况，最大限度大发挥监测性作用，数据化管理林业用地资源变化情况。

（七）有计划地森林砍伐

ArcGIS 技术可以有效整合采伐限额标准和数字化图像信息，科学有效地分析林业采伐情况，并且还能将具体采伐情况直观地反映到相应区域空间中，同时还能直观化显示林业资源采伐量和砍伐方法地理空间分布情况，方便于林业资源管理人员科学的分析林业资源砍伐方法、地点、面积等。

三、ArcGIS 技术在林业资源管理工作中的具体运用

林业资源具有非常重要的作用，除了可以改良环境，还可以有效促进经济发展。我国传统林业资源管理在某些方面存在着一些不足，如果可以科学合理的使用 ArcGIS 地理信息系统，就可以有效地解决这些问题，从而促进我国林业健康、可持续地发展。

（一）林业资源数据清查和管理

ArcGIS 最初利用在林业资源清查中，主要是利用 ArcGIS 的成图功能来实现资源清查作业。其主要步骤是调查人员把得到的书面数据资源通过计算机变更为可以输入 ArcGIS 系统的数据表，之后再利用 ArcGIS 将得到的数据表中的数据呈图面形式存储至计算机上，从而有助于管理者求算面积、汇编数据等，以此支撑管理者高效管理资源数据。

（二）制订森林经营决策方案

ArcGIS 借助本身完善的数据库分析功能与数据管理，对所有影响结果产生的条件与任务进行分析预测，以此准确地创建林业生长与经营模型，同时通过对各种地理信息数据加以统一比较管理，创建较完好的决策模型，通过这种方式将模型携带的信息梳理为最佳经营计划。全过程通过报告的形式传输给管理者，进而获得林业经营设计规划的最终目标。

（三）建立数据库和电子地图

ArcGIS 通过 GPS 地理坐标数据与林业调查的外业资料数据，可以使用自身的成图功能通过地块图面的形式呈现 GPS 坐标点与调查数据的具体地点，让调查者了解全林概貌与位置坐标。此外，依据数据推测林分的成长状况，为调查者提供参考。另外，决策者可以运用 ArcGIS 表示林内树种情况与各径级分部范围等取得评估参考依据。按照数据库中的调查数据与记录，ArcGIS 把本土树种生长情况对比外来树种的生长情况，获得的结果通过不同的颜色在软件系统中毫无保留的展示出来。

（四）进行林业制图

林业资源管理工作中的图面资料非常重要，在以往的林业管理工作当中，制图具有较大工作量和需要较强的技术支撑。在林业管理工作中运用 ArcGIS 之后，逐渐显现出来其强大的制图功能。ArcGIS 通过图层功能，将各种信息分成多种层面，查看图面时只需要打开数据图层，各种信息叠加混淆在一起的情况不会再出现。此外，ArcGIS 能够以不同的属性把不同的层面表现出来。地图在软件中，可以以点线面的形式表现出来，依照管理者的需求和数据形式加以简单的操作。ArcGIS 最后通过聚合、重复及重新组织的图形，把不同数据对象与不同图层联系在一起，组成立体结构过程，输出成果单一的目标，从而创作出管理者需要的各种复杂的专题图。

（五）进行林路规划

通过 ArcGIS 进行林业制图其实与林路规划工作的原理相差不大，都是借助调查数据成图之后，根据林业分布与海拔高程及地理环境等多种原因综合考虑林路趋向，在图面中准确定位林路的具体地点，有助于决策者参考数据，实现林路规划目标。

（六）林业资源信息管理

利用 ArcGIS 地理信息系统，林业各部门就能准确地判断自身所治理范围内的林地面积、蓄积量、树种分别及林龄布局等多种基础性情况。通过这种方式，实现不同图层中进行图上动态管理监测，达到数据具有真实性，效果更为直观的效果，便于管理者随时掌握林业资源变化状况。

（七）林业规划经营管理

通过 ArcGIS 地理信息系统的功能，管理者可以通过数据处理模式和数据库，随时掌握林业资源的发展情况。根据发展情况拟定具体的管理方案，对林业资源各项工作加以模拟管理，对比出更具科学性、有效性的管理方案，从而促进科学、可靠的管理。

（八）森林火灾预测与监控

林业管理者及消防队通过 ArcGIS 技术可以有效进行林业资源管理。通过 ArcGIS 建立模型和地图，分析火灾的散布状况和强度，便于地面消防人员管理筹备，创建烟雾传播模型。最主要的是，ArcGIS 可以有效地预测火灾，方便及时采用防患对策。ESRI 软件通过分析资源数据、人口、建筑物模型、气象模型及其他数据，得出危险区域高危区范围，有助于使用最为有效、经济的防御手段。

（九）生态系统管理

在建立各种因素及分析模型的基础上，ArcGIS 通过分析各种自然资源，从而支持管理者制定短时间和长时间的规划计划。ArcGIS 技术供应了大量必要的分析、描述工具与系统模型，便于模拟生态过程，实现各项功能的有效利用。比如重复分析和生物多样化分析，利用分析工具模拟现实情况。ArcGIS 可以对人口和生态等多种数据加以叠加分析，实现许多其他方式不能实现的工作。在分析的基础上，控制生态系统的破坏情况，促进林业资源可持续发展。除此之外，也可以实现约束人类活动的作用，不管是立足于经济层面还是从政策层面来看，都是具有促进人类与生态和谐发展的强有力的后盾。

（十）林业规划

ArcGIS 可以预测分析各种影响条件，尤其是可以预测分析处于不断发展的林业产量和野生动物植物的数量，同时一同保存森林地理空间数据周详的属性数据，在ArcGIS中集成预测模型，通过分析各种空间数据和模型，林业管理者能够把时间与空间上的信息渗透至林业规划中，从而为林业规划管理提供数据与模型支持。

（十一）环境一致性

ArcGIS技术能够支撑管理者较为复杂的多项数据，定位和周密描述特殊现象，立足于专业模型来预判未来的发展情况。通过ArcGIS建立分析模拟模型，以此形成一系列其他文档无法取代的地图，还能够发表各种具有一定价值的地图，这种数字化的数据和网络浏览形式能够有效提高大众城市绿化参与度。

（十二）城市森林研究

通过ArcGIS软件解决方案可以有效支持管理城市森林资源，其中包括确立树木广泛性与健康的、周详的类别目录、树木数量、品种及生长前提等，这些情况可以有助于掌握城市绿化状况，为森林研究提供有效数据。通过ArcGIS技术，可以让城市林业有关管理部门及时输入、更新及保护树木信息，认识树木病害趋势，定位隐藏的危险区域。把ArcGIS数据层级森林数据集绿色数据与街道、行政界线、河流整合，可以拟定合理有效的绿化规划，高效管理现有林业资源，提高大众城市绿化参与意识。

（十三）森林道路规划

森林规划者通过ArcGIS平台工具中已有的数据，拟定动态的路径和通行时间。ArcGIS把森林道路和譬如树种组成、交易量等归纳分析，获取道路网对树木运输费用的影像结果。除这些具体运用外，ArcGIS在造林规划与病虫害监督预测方面也具有重要作用。

总而言之，之所以在林业资源管理工作中运用ArcGIS地理信息系统技术，是因为它的运用在林业资源管理中已成为一种必然的发展趋势，再加上其可以在林业土地资源和森林资源清查，对相关资料进行经营管理等多方面起到极为重要的作用，使得森林经营管理模式可以呈现出数字化、智能化及网络信息化等形式，为森林发展带来了强力可行的技术支持，对林业信息化与健全林业管理及保护林业生态环境均具有重要的意义，是以，在以后的林业管理工作中，应加大ArcGIS地理信息系统技术的使用率。

第六节　信息时代下林业资源管理策略

信息化在人们生活的各个领域都扮演着重要的角色，信息化林业资源管理已成为当前林业发展的一大趋势。因此，如何开展信息时代下林业资源管理的管理是目前林业管理部门充分重视的问题。

一、信息技术对林业的影响

（一）更好地规划森林资源管理

信息化是林业现代化建设目标实现的重要标志之一，主要指的是在国家信息技术的约束与引导下，对林业资源进行统一的规划与管理，充分发挥网络化、智能化技术的优势，开展林业资源管理工作。这些都进一步说明了林业信息化为森林资源的规划和管理提供了全面支持。第一，现代林业发展的过程中，信息技术不仅确保了林业资源数据的有效落实，同时也为相关部门了解林业资源的相关信息提供了准确的参考依据。第二，在现代林业发展过程中，信息技术的应用为林业资源经营管理水平的提升奠定了良好的基础。比如，在开展利用资源管理工作时，工作人员利用空间数据挖掘等信息技术，就可以构建出相应的决策支持模型、造林知识库等，这样不仅有助于林业资源管理工作效率的稳步提升，也为相关决策的制定提供了合理的依据，实现了优化林业资源管理规划的目标。第三，现代林业在发展的过程中，通过应用信息技术也为林产品的流通以及林业科技的发展和进步，提供了强有力的技术支持。

（二）使林业信息精准化

林业信息化发展为精准林业发展目标的实现提供了新的契机。一是信息技术在林业资源调查中的规范应用，从根本上提高了林业资源调查数据的准确性。比如，遥感、地面近景摄影、三维激光扫描等信息技术的应用，都在不同程度上加快了林业精准化发展的步伐。二是以GIS技术为基层建立的林业管理地理信息系统平台，不仅实现了林业资源管理的科学化与信息化管理目标，同时也使得林业资源由传统的粗放式经营逐渐地转变为精准化经营，为我国林业资源的管理与发展奠定了坚实的基础。

二、信息技术下林业的管理策略

社会经济不断发展的同时，各领域对于林业资源的需求量也呈现出逐步增加的发展趋势。为了满足社会经济发展的需要，确保林业资源的稳定发展，林业管理部门必须加快信息化发展的步伐。这就要求林业资源管理部门必须冲破传统林业资源管理模式的束缚，将先进的信息化技术应用于现代林业资源管理中，从而实现林业资源管理模式改革与创新的目标。目前，林业资源管理模式与信息化手段的相互融合，主要是从业务环节着手，对现阶段的管理模式进行优化，从而达到优化林业资源配置的目的，为林业资源可持续发展目标的顺利实现奠定坚实的基础，所以，必须加快传统林业资源管理模式改革创新的步伐，充分发挥信息技术的优势，才能确保林业资源的长期稳定发展。

（一）加强林业资源日常信息化管理

在大力发展林业资源的同时，必须确保自然环境与人类社会发展的和谐共处，在林业资源管理中充分发挥现代信息技术的优势，运用科学手段建立全新的林业资源管理模式，在实现林业资源配置优化目标的基础上，合理地进行林业资源的深度开发与管理，确保生态平衡。这种以人与自然和谐共处为基础的林业资源信息管理模式，是确保林业资源可持续发展目标顺利实现的关键。

（二）林业资源监测可以全天候监测

虽然我国森林面积广阔，林业资源也非常丰富，但由于大多数林业资源所处地区的地形都非常复杂，再加上林业资源的建设与管理方面还存在着诸多不足之处，从而增加了林业资源管理的难度。长期以来，我国林业资源管理部门一直采用的传统林业资源管理模式与方法，所有林业资源的数据都需要由工作人员重新测算，然后再对所收集的相关数据进行详细的计算与核对，才能得出最终的结果。这样的过程，不仅需要投入大量的人力、财力，同时实际的工作效率也相对较低。所以，加强林业资源管理与监测信息化建设的力度，充分发挥计算机与网络资源的优势，同时配置先进的测量仪器和设备，不仅实现了精确测量、收集、整理林业资源数据的目的，同时也提升了林业资源数据的准确性。

（三）有效监控自然灾害

如果林业资源受到人为或者自然因素破坏，那么就会造成巨大的损失，如火灾、洪水、泥石流等自然灾害都会导致林业资源受到巨大的损失。另外，这些自然灾害不仅对地表植被造成了破坏，同时也增加了林业灾害的发生率。就目前而言，针对林业灾害的监管，主要采用的是观望或者人工巡视的方式，检查和消除其中存在的潜在危险因素。但这些手段在监测火灾安全隐患时，存在着极大的弊端。之所以出现这样的问题，主要是因为火灾传达的时间周期相对较长，最终导致相关部门无法及时地采取措施予以处理，而使得灾害不断蔓延。为了彻底解决这一问题，林业管理部门必须通过加强信息化建设的方式，充分利用通信卫星对林业资源环境进行实时的监控，才能在发现灾害后，第一时间采取措施予以处理，从而避免林业资源损失。

（四）加强林业资源信息管理管理软件应用力度

现阶段，林业资源主要有观赏林、经济林、药用林、木材使用林等几种类型。不同类型的林业资源都有着独特的管理与发展模式，而这则在一定程度上增加了林业资源统一管理的难度。因此，为了确保林业资源统一管理目标的顺利实现，林业资源管理部门必须在大力引进互联网技术的基础上，增加与之相配套的配套软件，进行林业资源数据的收集与整理。林业资源信息作为林业资源管理的重要工作之一，对于数据的质量与标准自然也就提出了相对较高的要求，所以林业资源管理部门，必须根据林业资源发展的现状，加大配套软件开发与使用的力度，在确保林业资源信息共享目标顺利实现的基础上，采取多业务共同开发与使用的方式，促进林业资源管理工作效率的提升。

信息化技术在林业资源管理中的规范应用，不仅加快了林业资源管理向信息化、现代化、科技化方向发展的步伐，同时随着计算机与网络资源的规范应用，也取代了传统人工收集和整理林业资源信息数据的方式，降低了林业资源数据处理的成本，也实现了林业资源信息共享的目的，促进了林业资源管理效率的全面提升，为我国林业资源管理经济效益与社会效益的全面提升奠定了坚实的基础。

第九章 林业规划与资源管理

第一节 浅谈现代林业规划管理及可持续发展问题

森林和绿地是生态环境保护的重要措施，林业资源在改善生态环境中发挥着重要作用。可持续发展和生态文明建设是现代林业的一个新课题，优质的林业规划与管理是充分发挥地区林业资源优势，保护环境生态、优化经济结构、提升发展活力的重要保证。但是目前林业工程建设和管理体制还不完善，林业产业的发展也存在重短期效果、重经济收益问题，缺少全面发展、长远发展和大局观。作为一种新的科学发展观，可持续发展对社会发展起着关键作用，实施科学、系统地林业规划管理，科学开展林业布局，增强产业经营和发展质量，推动林业可持续发展是现代林业规划管理工作的立足点。

一、林业可持续发展的内涵和实质

随着大建设、大开发等经济发展措施开展过程中，地区的环境和生态肯定也要受到一定程度的影响，甚至出现环境污染、自然条件破坏、生态不平衡等严重问题。要想实现林业等生态环境的可持续发展，促进社会、经济和生态环境的协调发展、全面发展，我们要加大对生态环境的控制力度。林业建设是生态文明建设的重要组成部分，林业的可持续发展决定着生态文明建设能否正常开展，决定着地区的经济发展质量和发展水平能否稳步提升。林业的生产工作包括林业资源的投入与产出、林区的管护、农林产品、木材资源的开发等相关林业资源管理活动。现代林业经营不仅包括砍伐树木，出售资源增加企业收入，还包括树木保护和更新，储备资源和后备能源的建设，达到新建和利用匹配，投入产出均衡。能够不断地给人类的生产和生活活动提供不竭的林业资源。从这个观点上来说，林业可持续发展就是根据林业自然环境、生态环境的实际，采取边建边采、收建结合、等量运行的林业建设和采收策略，林业资源可持续更新而不被破坏。保证地区生态系统不受严重破坏，促进林业产业能够健康发展、稳定发展，实现经济效益和生态效益的同步提高。

二、现实林业规划管理及林业可持续发展方面存在的主要问题

（一）所有权过于单一影响林业规划管理积极性

国家和地区的林业资源，目前只属于国家所有或集体所有。单一的所有制结构模式虽然保证了林业主体公有制的特征，便于统一规划和管理，但具体运行和管理中也表现出管理呆板，建设规划的积极性和创造性不足，林业资源的管理灵活性差，严重阻碍了整个林业的可持续发展。

（二）林业资源的开发利用存在过度开发和利用率不高的问题

目前的林业资源的开发利用方式不够科学，主要表现为以下几个方面：

1. 林市收获和育种不平衡

缺乏科学的管理方法，无法对林木资源开发利用进行合理的规划。造成储备林业资源速度远低于开发速度，且林木成活率低、成长缓慢，林木年开发量大于林木生长量，导致森林覆盖率连年降低。

2. 市材加工利用率低

只有优质木材和木材主体得到了资源利用，一般质量的木材基本废弃，再加上木材加工方法粗放，造成原木加工技术落后，木材能源的综合利用率低。

3. 森林覆盖面积和森林存量均有一定程度的提高

但仍与理想存在一定差距，人工造林需要通过人工栽培方式进行，但实际实施表明，人工造林面积与采伐面积的差距较大，人工林强度不足，成活率很低，而且缺乏管理人员。

（三）林业资源的日常管护和监督都

要想能顺利、有效地开展林业资源的保护和管理，就必须实施有效的监督，确保管理和保护措施落实到位。特别是与一些小群体和个人利益发生冲突的时候，要严格按照法律法规，开展规范的管理保护执法。因此要加强森林管护质量和管理工作效果监督，督促工作人员履行职责，认真开展管护工作。

（四）没有相对完善的生态补偿机制

林业是可再生性自然资源，林业和规划和设计要遵从可再生资源利用原则，开采和利用过程中给予它们合理的恢复和生存时间，要根据需要建立和实行生态补偿机制。同时，生态资源的受益对象应该为资源的使用支付一定的费用。林业管理部门和经营企业要利用林业资源进行合理经营，输出资源的同时获取相应的收入，通过市场和价格机制实现企业的经营。企业将一部分收入重新投入到林木的培育和新植中，投入到林木的管理工作中，

以保证现有林业和新建林木的管理和保护

（五）破坏林业资源违法的行为还没有杜绝

近年来，森林公安和林业执行队伍加强了对非法征用、滥垦滥伐、抢占林地行为的打击，加强了对林业工作人员履职情况的监督，促进了森林植被恢复、林业资源合理利用等工作的开展。然而某些地区，还存在着对自然环境、生态环境和林业保护问题的认识还不深，对林业用地的建设开展监督和处置不好，也存在破坏林业资源违法行为。

三、开展现代林业规划管理，实现可持续发展的建议

（一）科学规划实现林业产业结构优化

（1）采用科学林业规划管理方法，将现代林业产业划分成三层产业结构。

（2）林业生产产业结构。在基础产业中，要加大森林原有树木的养护，增加新植树培育，增加短期速生、经济林作物种植，加强新型经济林建设。

（3）林木加工产业结构。努力开发新产品，产品不应局限于低级原料加工，而应向高级深加工转变。生产符合当今发展需要的新产品。

（4）旅游服务业结构。充分利用林业资源，开发旅游服务市场。

通过产业结构的不断优化，可以有效消除落后产能，实现产业的转型升级。通过开设新兴产业，实现林业整体收入的增长，更好地推动林业产业的良性发展。

（二）通过科学规划管理建设和发展生态林业

1.健全法律法规，规范林业经营和管理

要实现林业的可持续发展，离不开法律法规的保障。只有具备林业经营法律法规，才能规范市场行为，为林业产业经营打造一个公平、公正的市场环境，才能建立和完善林业林木流转评价体系、相关经营权保护体系、森林保护体系，保证行政单位依法管理市场。通过经营和管理调查分析，才能明确现代林业的发展方向，让林业经营管理适应市场，更好发挥出对生态建设和可持续发展的保障作用。

2.通过造林创造经济与生态的综合效益

开展大规模植树造林，提升企业产业经营管理能力，发展苗木基地、经济林果、速生林等经济林，快速提高林业产业的经济效益，同时也可以提高观赏效果，提高林业对空气和环境的改造，实现经济、生态效益综合提升。

3.实施林农业结合促进效益提升

林农结合就是实施多种经营，建立具有经济、生态效益的林草间作、林草间作等林业发展模式的新型农业。通过植树造林，不断改善农村经济环境，增加收入，实现生态效益

和经济效益的有机结合。

（三）通过制度法律和制度建设推动林业发展

要针对林业建设与管理的实际，完善相关法律法规，健全管理制度，实现管理活动有法可依、有制可循。建立完善的管理机制，明确管理人员和操作人员的责任，推动各项工作开展。在明确管理责任的基础上，强化监督考核，严格奖惩机制，推动管理工作有序开展。

（四）开展教育培训的规划管理，增强职工群众生态保护意识

行政主管部门要把林业相关法律的宣传和自然保护的教育工作当作重要工作，对林业职工及林区周边村民实施林业资源保护方面宣传教育，增强职工群众法制观念，提高遵法守法、管林护林意识，让他们认识到森林保护对改善气候、环境，保护生态的重要性，认识到林业对经济可持续发展的重要作用，从而自觉参与林木保护工作。

（五）开展林业资源培育、管护规划实现可持续发展

要想做好林业管理，必须注重现代林业资源的培育和管理工作。扎实做好林业的安全与保护、外来有害物种的防治、自然保护区的建设与管护等基础工作。必须加强对苗木运输人员的管理和监督，规范运输行为，保证苗木运输过程不受伤害。实行林害监测和预警机制，加密日常监查，及时发现林害，采取有效的防范措施和综合治理措施，提升林木的健康成长，实现林业的可持续发展。

林业规划管理工作对开展林业建设、管护、生产经营具有积极促进作用。我们要积极面对实际工作中问题，选择科学的规划管理方法，提升工作质量，推动林业产业及整体经济结构的可持续发展。

第二节　林业事业单位人力资源开发与管理问题研究

随着我国事业单位改革的不断深化，公益型林业事业单位作为其中的重要组成部分也正面临着巨大挑战，林业事业单位想要快速稳定发展，一定要重视人力资源的重要作用。自党的十六大提出生态文明建设以来，资源及环境保护越来越受到重视，党的十八大更明确地把生态文明建设摆在总体布局的高度。林业作为生态系统中重要的成员，更是发挥着不可替代的作用。生态文明的建设离不开林业事业的发展，而林业事业的长足发展和进步，归根到底就是林业人才的有效利用。因此，加大林业调查规划设计人力资源的开发与管理十分必要。

一、当前林业事业单位人力资源管理存在的问题

（一）人力资源管理理念相对落后

随着我国经济实力的不断增强，各行各业都在不断进行着变革，林业事业单位也迎来的新的发展机遇，对人才的要求也不断提高。目前事业单位的人力资源管理模式还较为传统，很多单位人力管理的主要内容依然是工作分配和定期培训，没有建立起完整的人力资源管理系统，部分人力资源管理模块缺失。林业调查规划人员与其他行业的从业人员相比，工作环境复杂多变，传统的管理方式不能提高他们的幸福感。很多工作人员由于常年在野外调查，感受不到来自本单位的关怀，没有机会进行学习与培训，技术方面得不到有效地提高。

同时，重视人情以及论资排辈现象依然很多，这都是传统人才管理当中的弊端。从根本上来说是因为很多单位并没有树立起现代科学的人力资源管理理念，没有充分认识到人力资源开发与管理在单位发展过程中起到的重要作用。

（二）缺少完备有效的人员考核机制

受传统的体制束缚，目前很多事业单位依然实行的是干部身份终身制和报酬分配平均制（事业单位人力资源管理创新工作研究），这两种体制虽然保证了人才减少流失，但是也往往带来了不思上进，不求进取的弊端。尤其是林业调查规划工作又较为辛苦，但是没有实行多劳多得的分配体制，因此影响总体工作效率。虽然现阶段事业单位人事改革不断深化，绩效考评制度也在慢慢开展，但是尚未形成一套完备有效的人员考核机制，因此，限制了人力资源的充分开发和管理。

（三）缺乏科学完整的人才激励机制

林业行业作为一个相对冷门的行业，工作强度较大，工作环境相对艰苦，工资福利待遇相对较低。从事二类调查的人员更是需要经常出差，经常连续多个月深入偏远林区工作，回不了几次家，这对他们不仅仅是身体素质的考验，同时也是心理素质的考验，很多人员患上关节炎等职业病，这些情况无不影响着人员工作的积极性。同时，由于体制的限制，按资排辈和平均分配等旧的分配方式也严重影响着员工工作的进度和质量。

二、加强林业事业单位人力资源开发与管理的对策

（一）树立科学现代的人力资源管理理念

人力资源是一个单位进步发展的源泉与动力，只有充分认识人才的重要性，树立人力资源是第一重要资源的管理理念，改变传统的人员管理方式，给予员工更多的人文关怀，坚

持以人为本。逐步改变重视人情，论资排辈的传统管理模式，通过询问、走访等各种方式了解员工之所需、所想，有针对性地对员工进行技术方面的培训指导，使他们感受到在技术提高的同时，得到心理上的满足感。逐步完善人力资源管理的六大模块，在完善招聘方式、薪酬、劳资管理的基础上，建立合适的培训体系，设置切实可行的绩效考核指标，做好员工的职业发展规划。通过人力资源管理理念的不断提高，逐步建立起现代科学的人力资源管理体系。

（二）不断完善人员考核机制

林业调查规划工作完成的质量离不开林业调查规划从业人员的工作效率和工作质量，只有设置科学有效的考核机制，才能不断提高从业人员工作的效率和质量。合理的考核要做到定性准确，客观公正，保证考核的透明度，同时设置好奖惩标准。根据员工的工作情况，不断调整考核指标，及时修改每个时期的变化，针对不同的工作内容，设置不同的考核方案，及时公布考核结果，让员工做到心中有数，确定好自己接下来调整的方式方法，同时也应将考核的结果作为薪酬调整和岗位晋升的重要参考指标。针对考核不合格的人员，及时的给予技术方面的指导培训。

（三）逐步完善人才激励机制

科学完整的人才激励机制可以有效地调动人员工作的积极性，提高人员的工作效率和工作质量，提升员工的幸福感，同时，科学完整的人才激励机制也可以形成良好的工作氛围，提高员工对单位的忠诚度。林业事业单位想要设置科学合理的人才激励机制，首先要从员工的需要出发。调查规划人员长年在野外工作，生活环境差，提高其工资待遇，适当增加外业补助，改善其外业吃住的环境。改变传统的平均分配方式，要实行多劳多得。同时，对于干了多年外业的老同志，要根据其身体状况给予适当的岗位调整或津贴补助。第二，关注员工的精神需求。设置有针对性的培训，提高从业人员的技术，填充新知识，新方法。通过职业技能的提升，增加岗位晋升的机会，使员工有一个积极向上的精神状态。

综上所述，在林业事业单位中建立起现代科学的人力资源开发与管理模式至关重要，只有以人为本，人尽其才，才尽其用，真正认识到人才在事业发展当中的重要作用，才能实现我们林业事业的长足进步。

第三节　四川林业勘察设计单位人力资源管理现状与对策

一、四川省林业勘察设计研究院人力资源概况

（一）四川省林业勘察设计研究院概况

四川省林业勘察设计研究院始建于 1956 年，经过 60 年的发展，现已成为全国林业行业实力最强的综合性甲级勘察设计、工程咨询和林业调查规划设计单位之一。承担了大量的四川省森林资源、沙化、荒漠化、石漠化、生态环境调查与监测工作，以及林业发展、生态建设、重点工程及林区基础设施的勘察、设计、咨询、检查验收等任务，在勘察设计、森林资源监测等方面做出了显著的成绩，在森林资源二类调查、林业工程勘察设计、森林资源监测等方面的应用研究形成了优势和特色，其规划设计成果与工作，对四川省乃至长江上游地区生态可持续发展都有着重要的作用。而人力资源的管理则是可持续发展研究的中心问题，其中勘察设计人才的管理，又是其勘察设计水平的关键所在。

（二）职工数量呈下降趋势，职称结构逐步得到优化

四川省林业勘察设计研究院的职工人数数量和专业技术人员的职称结构动态变化统计变见表 1。由表 1 可以看出，四川省林业勘察设计研究院职工人数总体呈下降趋势，由 1959 年的 1006 人下降到 2016 年的 622 人，减少了 384 人，递减率 6.62 人 / 年。从表 1 中业可以看出，1982 年的数据出现增加，估计与改革开放和家庭联产承包责任制以后，需要对全省的森林资源本底调查和林业规划设计有一定的关系；进入 21 世纪之后，职工人数渐趋稳定。职工总人数的变化趋势与四川省林业发展的森林调查、勘察设计、生态建设与林业产业规划设计 3 个发展阶段对全省林业从业系统人员的需求有很大的关联性。

从专业技术人员数量变化来看，专业技术人员人数占职工人数比例呈逐增加趋势，1959、1977、1982、1993、2001、2006、2016 年所占比例分别为 43.44%、53.74%、58.03%、80.65%、73.6%、76.65% 和 79.1%，1982 年所占比例最高达到 80.65%，其原因与职工人数在该年增加的原因有一致性。从 1982 年以后，逐渐趋向稳定，这与全省生态建设与林业产业规划设计所需的从业人员的变化有一定的相似性。

从专业技术的构成情况来看，四川省林业勘察设计研究院的人力资源结构上呈现逐渐优化的特点，从 1959 年无教授级高级工程师和高级工程师到 2016 年拥有教授级高级工程师职称 23 人（含一名研究员）、副高级职称 129 人、中级职称 171 人规模，其中有 8 人享受国务院特殊津贴，1 人为国家级有突出贡献中青年专家，4 人为四川省有突出贡献的优秀

专家，5 人为省学术和技术带头人后备人选，6 人为省林业拔尖人才人。高级职称人数（含教授级高工）占专业技术人数比例也从零（1959 年）增加到了 2016 年的 30.89%。在职称比例当中，高级职称（含教授级高工）、中级职称（工程师）：初级职称（助理工程师、含技术员）人数比例也由 1959 年的 0：1.6：98.4 变成 30.89：34.76：34.35，教授级高级工程师、高级工程师比例分别由 1959 年的 0、1.6% 增加到 2016 年的 30.89%、34.76%，分别增加了 30.89% 和 33.10%，而助理工程师（含技术员）则由 98.4% 下降到 34.35%，下降了 64.05%，表明了人力资源队伍职称结构的逐渐优化旧。

（三）专业技术人员的学历结构呈现高学历化、年轻化的特点

从专业技术人员学历结构比例来看，建院初（1959 年）和现在（2016 年）差异明显。建院初期大专以下比例占 90.84%，大专及大专以上仅占 9.16%，初中和中专（含高中）是技术人员的主力军，而 2016 年本科及本科以上学历比例占 77.65%，其中硕士（含博士）比例就占 18.7%，本科学历成了专业技术人员中流砥柱。学历结构比例的变化与建国初期国民受教育程度低，改革开放以后国家重视教育有很大的关系。

从专业技术人员年龄结构看，专业技术人员呈年轻化趋势，从建院初期的专业技术人员由 45 岁以上占 50% 以上变成现在由 45 岁以下占 50% 以上，体现了专业技术技术人员年轻化的特点。

二、当前林业勘察设计单位人力资源存在的问题

（一）人力资源管理理念相对落后、管理方式较为单一

随着我国经济实力的不断增强，各行各业都在不断进行着变革，尤其自党的十六大提出生态文明建设以来，资源及环境保护越来越受到重视。伴随着党的十八大"生态文明建设"和"美丽中国"战略构想的提出，为了确保"青山绿水"，以及当前和今后相当长一个时期，要把修复长江生态环境摆在压倒性位置，共抓大保护，不搞大开发，更是给林业勘察设计单位发展迎来的新的机遇。但由于四川省林业勘察设计研究院的人力资源管理模式是在计划经济模式基础上建立的，人力资源部门的职权范围仍停留在档案管理、薪酬聘职、劳动福利保障等事务工作，没有建立起完整的人力资源管理系统，部分人力资源管理模块缺失。同时，旧的管理模式下的人情及论资排辈现象依然存在，这都是传统人才管理当中的弊端，其主要原因是因为现代科学的人力资源管理理念不足，缺乏有效的管理方式和手段。

（二）对人力资源开发重视度不够

目前，林业勘察设计单位人力资源部门大多数处于二线参谋部门的位置。缺乏专门人力资源开发的人才，通常 3 ~ 5 名员工承担了规划、招聘、考核、薪酬福利、培训等方面

的日常性工作，没有时间和精力去分析林业科研单位的人力资源以及建立相关制度。即使林业调查队员有机会参加新理论、新技术、新技能、新知识或考试培训班等各类学习活动，但大多数都是以 2d~3d 短期培训为主，使得专业技术人员的理论和技术应用不能得到很好提升，加之部分林业勘察设计人员常年在野外调查，没有机会进行学历与培训，使得理论水平无法提高、技术应用方面无法突破。

（三）缺乏科学的考核方法与长期有效的激励机制

林业专业技术人员积极性的调动，工作热情的维持，与事业单位人员考核机制和人才激励措施直接相关。为了适应我国现阶段事业单位人事改革不断深化，四川省林业勘察设计研究院也在逐渐打破过去的干部身份终身制和报酬分配平均制。对院中层干部实行公开竞聘，年度考核优秀和先进的人员采用民主投票的方式产生，但受制于传统事业单位体制的束缚，重视人情以及论资排辈现象依然存在。干部"能上能下"制度还不健全，精神奖励也难以公正。其次，绩效考评制度也在慢慢开展，一定程度上体现了按劳分配的体制，提高了专业技术人员的工作效率，但是尚未形成一套完备有效的人员考核机制，考核指标无法动态变化，对表现优秀的鼓励不够、对表现差的制约也不够强。另一方面，由于竞争规则不健全导致部门之间恶性竞争，"先来先拿"也在一定程度上加大了收入差距，收入较少部门的消极心理越来越重，很难有效激励员工的积极性和创造性。

三、对策措施

（一）树立"以人为本"人力资源管理理念重在沟通制度

"以人为本"的人力资源管理理念不再是以管人为主的管理，而是以人的充分发展和满足人的需求为主、从内心调动人的积极性的管理。而了解人的一个重要方式就是建立有效的沟通制度。可以通过每月举行员工协调会议或者每年举办主管领导汇报和职工大会作为现有的职工代表大会和工会代表大会的一种有效的补充形式。通过普通职工—各队（所）—院行政（党政）自下而上的、分层次的协调会议，将职工想法和建议与院政策、计划之间进行广泛的讨论，同时，院主管领导将院财务报告、发展情况、职工福利改善、面临的挑战等主动向职工汇报，让全院职工了解新形势下本单位面临的机遇与挑战。通过上述形式的沟通制度，将改变过去意见沟通仅仅停留在布告栏上或管理政策的形式主义。

（二）将培训纳入单位发展战略

职工培训可提高职工的职业能力，提高并增强职工素质，从而直接提高单位的工作质量。因此，首先要改变过去将职工培训看作是抛向员工的单向福利错误思想。其二，要注重员工的精神教育和常识上的教导，让员工了解单位的创业动机、传统、使命和目标。第三，同时，培训一定要将职工的专业知识和正确的价值判断结合，认识林业不仅仅是为自己谋福利的事业，更是为子孙后代谋福利的事业，自然能够形成终身学习的态度，从而促进单位乃至社会的繁荣。第四，多种培训方式的结合。不仅仅要通过员工职业生涯发展培训（新员工入门培训、上岗后适应性培训、专业技术人员培训等）、员工的专门项目培训（转变观念的培训、专项技术的培训、专项管理的培训等）等在职或短期脱产免费培训、公共进修等，更要营造终生学习的环境和气氛，以保证林业员工自身素质的不断提升。

（三）不断完善考核机制，打造系统的绩效考核模型

林业勘察设计工作完成的质量好坏离不开林业勘察设计从业人员的工作效率和工作质量，只有设置科学有效的考核机制，才能不断提高从业人员工作的效率和质量。要综合考虑林业勘察设计人员大多数在人烟稀少甚至是人迹罕至的自然环境中开展森林资源调查、勘察设计工作的特点，建立多层次的立体评价体系进行绩效管理。通过勘察设计项目的实际情况，设置"532绩效考核模型"（即职工个人、小团队、大团队的利益调节按照5、3、2比例模型进行分配）同时，要根据野外勘察项目特点，不断调整考核指标，及时修改每个时期的变化，针对不同的工作内容，设置不同的考核方案，及时公布考核结果，从而充分调动员工积极性。

（四）建立科学完整的人才激励机制

科学完整的人才激励机制可以有效地调动人员工作的积极性，提高人员的工作效率和工作质量，提升员工的幸福感。单位可以通过成就激励、能力激励、环境激励、物质激励4种人才激励的办法，建立科学完整的人才激励机制。

首先，结合马斯洛的层次需要理论，建立以聘用为基础的人才管理资源体系，不搞终身聘用制。要打破过去事业单位干部终身制的弊端，实现能上能下。第二，建立内部自由流动的岗位申请制度，允许和鼓励职工更换工作岗位，实现内部竞争与选择，促进人才的有效配置，最大限度地发现和开发员工潜能，对有能力、有担当的年轻人才，要破格优选为管理干部。第三，利用弗洛姆的期望理论，将每一个野外勘察项目的奖励与当月、全年的总奖挂钩，将大大提高单个项目野外勘察质量。同时，可以结合一类清查、二类资源调查等相对有难度的野外调查项目，开展有序的短期竞赛活动，对优胜队伍给予一定的物质奖励和精神嘉奖。第四，依据亚当斯的公平理论，建立合理的报酬机制。制定衡量贡献的尺度和标准、公布考核标准和分配方案，使多得的员工理直气壮，少拿的人也心服口服。同时，对于干了多年外业的老同志，要根据其身体状况给予适当的岗位调整或津贴补助。第五，依据斯金纳的强化理论，实现奖惩制度相结合人才激励机制。如果职工贡献大小通过职工、中层管理干部、单位领导干部认定以后，就要根据贡献大小及时给予一定的物质奖励、晋升职位职务，同时，加大建立形式多样、内容丰富的精神激励，形成人才的虹吸效应。对工作业绩差、考核不合格的职工，要给予降职、降职称等处罚措施。

综上所述，尽快在林业勘察设计单位中树立人力资源是第一重要资源的管理理念至关

重要，只有以人为本，人尽其才，才尽其用，才能挖掘林业的潜能，最大限度地调动现有人才的积极性，才能使林业在长江生态环境修复、绿化全川等生态环境建设中取得长足进步。

第四节　基层林业规划设计人才队伍的建设与培养

目前，对于基层林业人才来说，出现了林区职工老龄化和职工升迁发展有限的情况，出现这样的情况就会导致基层林业人才的流失，从而阻碍了基层林业规划设计人才队伍的建设，也阻碍了基层林业规划设计的发展。因此，基层林业规划设计人才队伍的建设与培养是非常重要的。

一、基层林业规划设计的重要性

目前，大部分地区都比较注重基层林业规划设计。林业规划设计主要是结合林业资源调查和分析以及对林业的区划和发展等进行综合的规划设计，林业规划设计直接影响着林业的建设和管护。基层林业规划设计可以有效地把农业和畜牧业以及工矿业以及交通发展和林业之间的关系进行协调，基层林业规划有助于基层经济的发展，是基层进行改革的关键，也可以有效的协调基层资源和环境以及人口，从而提升林业建设的社会和生态以及经济效益。林业规划设计直接影响着基层林业发展，林业规划主要是针对林业资源进行调查和分析以及设计，然后对林业的环境和生产情况以及效益进行一个整体的评价。林业规划对林业建设具有非常重要的意义，只有进行良好的调查和分析，才可以对林业的区划进行设计，设计出更好的造林育林和砍伐的方案，合理地进行林业生产，从而使林业资源可以得到更好的保护和建设。此外，林业规划设计还可以在一定程度上提升造林的技术，使基层林业可以长期稳定的发展。

二、基层林业规划设计人才队伍建设与培养存在的问题

最近几年，大部分地区都加强了基层林业规划设计人才队伍建设与培养，而且也取得了一定的效果，有效地促进了当地的基层林业发展。但是在基层林业规划设计人才队伍建设与培养的过程中，存在一些问题。这些问题的存在，在一定程度上影响了基层林业的发展。

（一）基层林业规划设计理念不足，没有足够的基层林业规划设计人才

随着社会经济的不断发展，虽然大部分地区都在进行基层林业规划设计，但是由于部分地区的基层林业规划设计人才不足，导致了基层林业规划设计理念不足。部分基层林业有关部门对林业规划设计没有正确的认知，林业规划设计的意识较低，甚至有的部门不具备林业规划设计的理念，没有注重对林业资源进行调查与分析。而且部分地区没有设立林

业规划设计的部门，没有专门的设计小组和人才，因此非常缺乏基层林业规划设计人才。

（二）基层林业规划设计没有足够的一线人才

随着我国社会的不断发展，大部分地区的基层林业规划设计的一线人才的数量还可以满足工作需求，但是一些偏远地区的基层林业规划设计一线人才严重缺乏。由于偏远地区的基层林业工作条件比较艰苦，因此大部分的一线人才都不愿意去，而且，基层林业规划设计人才的工薪待遇不是很高，因此社会地位比较低，在很大程度上降低了基层林业规划设计人才工作的热情。此外，基层林业规划设计的一线人才没有明确的职业发展方向，基层林业规划设计人才队伍的建设与培养还不够完善，例如职工升迁发展和调岗的年限以及考核制度都不够完善，这就造成了大部分基层林业规划设计人才有错误的认知，从而造成了基层林业规划设计人才流失的情况。

（三）基层林业规划设计人才的综合素质较低

目前，随着社会的不断发展，对基层林业规划设计人才的要求也随之提升，部分基层林业规划设计人才的综合素质较低，主要表现在基层林业规划设计人才的年龄老龄化严重、文化程度偏低、技术水平有限等方面。基层林业规划设计人才缺乏新鲜血液的加入，这就为进行基层林业规划设计带来了很大挑战。而且部分基层林业工作站没有足够的专业林业规划设计工作人员，大部分的护林员都是从百姓中进行挑选的，以至于其没有足够的文化知识，对有关森林管护的法律法规不够了解，也没有林业规划设计的能力，导致其工作质量较低。此外，大部分的基层林业规划设计人才不能熟练地掌握和运用计算机技术，这样在很大程度上阻碍了林业调查规划设计的工作效率和质量以及创新。

三、基层林业规划设计人才队伍建设与培养的策略

目前，想要加强基层林业规划设计的建设，首要的就是加强对基层林业规划设计人才队伍的建设与培养。因此想要有效的加强对基层林业规划设计人才队伍的建设与培养，主要可以从以下几个方面进行。

（一）加强对基层林业规划设计人才的培养观念，注重对基层林业规划设计的宣传

想要加强对基层林业规划设计人才队伍的建设与培养，首先有关部门需要加强对基层林业规划设计人才的培养观念。有关部门可以通过组织对基层林业规划设计人才进行知识培训和开展讲座以及进行实地课程培训等方式，加强基层林业国际化设计的培训；还可以通过报刊和书籍以及网络等媒介，加强对基层林业规划设计的宣传，从而加强有关部门的林业规划设计理念与意识，加强对基层林业规划设计人才的建设与培养。基层林业局和有

关林业建设的部门，需要积极的设立林业规划设计的办公室和小组，为基层林业规划设计工作人员配备先进的设备，使其可以更好地为基层林业规划设计工作。

（二）完善基层林业规划设计人才队伍建设与培养的体系，吸引更多的林业规划设计人才

1.改善基层林业规划设计工作人员的工作条件

想要吸引更多的林业规划设计人才，首先要做的就是改善基层林业规划设计工作人员的工作条件。例如给基层林业规划设计人才配备合适的交通工具和先进的工作设备，以及生活用品，尽量避免工作中出现物质缺乏的情况。

2.提升基层林业规划设计人才的工薪待遇

随着我国社会经济的不断发展，林业规划设计部门可以根据当地的经济情况，适当的提升基层林业规划设计人才的工薪待遇，避免出现基层林业规划设计人才工作程度和薪酬两者不相符的情况，必要的时候可以把基层林业规划设计人才的工薪待遇调到与同等条件的事业单位的工薪待遇一致。由于基层林业规划设计人才的工作环境比较艰苦，需要使基层林业规划人才的基本生活得到保障，只有这样才可以使其愿意为基层林业规划设计工作，有效的留住基层林业规划设计人才。

3.提升基层林业规划设计工作人员的社会地位

各个地区的林业局需要对人民群众宣传基层林业规划设计工作人员的重要性。只有让人们意识到基层林业规划设计工作人员的重要程度，提升了对基层林业规划设计工作人员社会地位的认知，加强基层林业规划设计工作人员可以获得成就感与自豪感，从而使基层林业规划设计工作人员可以更加积极主动的进行林业规划设计工作。

4.完善基层林业规划设计人才的晋升和转岗以及调岗机制

林业规划设计人才队伍可以结合我国各个省市区的招聘与任命以及个人的选择，增加基层林业规划设计人才的晋升空间，增加基层林业规划设计人才转岗和调岗的可能性，这样可以有效地防止基层林业规划设计人才的流失，不仅增加了基层林业规划设计工作岗位的竞争力，还可以吸引更多的基层林业规划设计人才的加入。

（三）提升基层林业规划设计人才的综合素质

想要有效的提升基层林业工作的质量，就需要提升基层林业规划设计人才的综合素养。首先林业局可以优化基层林业规划设计人才的年龄结构，改善基层林业工作人员的待遇和放宽具有高学历人才的招聘条件，从而吸引更多的年轻人，促进基层林业规划设计可以长期稳定的发展。然后，需要提升基层林业规划设计人才的文化水平高，可以定期对基层林业规划设计人才进行专业培训，使其可以加深对岗位的认知和加深对相关法律和森林管护知识的了解，还可以与高校的林业专业合作，签订人才培养战略的相关协议，从而保证基

层林业规划设计人才的质量。其次，还需要培养基层林业规划设计人才的创新意识，培养基层林业规划设计人才可以熟练的运用现代科技技术。最后，需要注重基层林业规划设计人才的思想道德与职业精神的培养，使基层林业规划设计人才具有吃苦耐劳的精神，还需要基层林业规划设计人才爱岗敬业，积极主动的进行基层林业规划设计工作。

总而言之，随着社会经济的不断发展与进步，需要注重基层林业规划设计人才队伍的建设与培养。只有加强基层林业规划设计人才队伍的建设与培养，才可以使林业规划得到长期稳定的发展。因此，需要加强对基层林业规划设计人才的培养观念，注重对基层林业规划设计的宣传，完善基层林业规划设计人才队伍建设与培养的体系，吸引更多的林业规划设计人才，提升基层林业规划设计人才的综合素质。只有这样才可以很大程度的避免了基层林业规划设计人才的流失，从而确保基层林业规划设计可以长期稳定的发展。

参考文献

[1] 耿玉德主编 . 现代林业企业管理学 [M]. 哈尔滨：东北林业大学出版社，2016.08.

[2] 王海帆 . 现代林业理论与管理 [M]. 成都：电子科技大学出版社，2018.07.

[3] 赵子忠，桑娟萍，虎保成主编 . 林业技术概论 [M]. 杨凌：西北农林科技大学出版社，2012.06.

[4] 彭镇华等著 . 浙江林业现代化发展战略研究与规划 [M]. 北京：中国农业出版社，2006.12.

[5] 雷晓刚，杨斌，王广玉主编 . 林业推广技术 [M]. 杨凌：西北农林科技大学出版社，2013.03.

[6] 黄凯，张祥平主编 . 城市林业经济与管理 [M]. 北京：中国商务出版社，2005.12.

[7] 王巨斌著 . 森林资源管理 现代林业技术专业 [M]. 北京：高等教育出版社，2017.09.

[8] 郭举国，柳荣主编 . 西部大开发隆德县生态林业建设规划设计成果选编 [M]. 银川：阳光出版社，2011.08.

[9] 李星群，文军，胡天淑著 . 广西林业系统自然保护区管理问题研究 [M]. 北京：经济管理出版社，2012.05.

[10]《林业工作改革创新与现代林业建设》编委会主编 . 林业工作改革创新与现代林业建设 [M]. 北京：经济日报出版社，2017.08.

[11] 芦维忠主编 . 现代林业管理 [M]. 咸阳：西北农林科技大学出版社，2003.04.

[12] 段新芳主编 . 中国林业循环经济发展研究 [M]. 北京：中国建材工业出版社，2016.10.

[13] 中国林业科学研究院，北京市林业局编 . 北京林业发展战略研究与规划 [M]，2005.12.